U0170529

电力设备故障智能诊断技术

黄南天　著

科学出版社

北　京

内 容 简 介

加强电力设备的状态监测和故障诊断，对保障电力生产设备的安全和稳定运行具有重要意义。电力设备故障智能诊断技术是多学科交叉渗透的综合性研究方向。本书首先介绍电力设备故障智能诊断的背景意义及国内外研究现状，然后介绍智能故障诊断的主要关键技术，如故障数据采集系统，故障数据预处理与特征提取，基于单类分类器、多层分类器、混合分类器、辅助分类生成对抗网络等多种智能故障诊断技术进行故障决策，最后针对几个实例介绍故障智能诊断技术的应用。

本书可供从事电力设备状态监测与故障诊断工作的科研人员和相关专业高校教师使用和参考，也可供电气、自动化、热能动力与机械类相关专业研究生和高年级本科生作为研究和参考。

图书在版编目（CIP）数据

电力设备故障智能诊断技术 / 黄南天著. — 北京：科学出版社，2022.7
ISBN 978-7-03-072707-7

Ⅰ. ①电⋯ Ⅱ. ①黄⋯ Ⅲ. ①智能技术－应用－电力设备－故障诊断
Ⅳ. ①TM07-39

中国版本图书馆 CIP 数据核字（2022）第 118274 号

责任编辑：范运年 / 责任校对：王萌萌
责任印制：吴兆东 / 封面设计：赫 健

科 学 出 版 社 出版
北京东黄城根北街 16 号
邮政编码：100717
http://www.sciencep.com

固安县铭成印刷有限公司 印刷

科学出版社发行 各地新华书店经销

*

2022 年 7 月第 一 版 开本：720×1 000 B5
2023 年 1 月第二次印刷 印张：13 1/2
字数：270 000
定价：138.00 元
（如有印装质量问题，我社负责调换）

前　　言

目前，电力系统正逐步朝着更高电压等级和更大电能容量的目标发展，这对电力设备的运行可靠性提出了更高的要求。高压断路器在电力系统中起着极为重要的作用，它承担着系统的控制和保护工作。在正常运行情况下，高压断路器控制线路和设备的投切操作，当发生故障时快速切断故障线路，以防止故障的进一步扩大。因此，一旦高压断路器发生故障，将直接危害系统的运行可靠性，并可能引起重大的停电损失。国内外相关调查表明，断路器大部分故障都是由机械因素造成的，因而开展高压断路器机械故障诊断的研究具有重要的现实意义。高压断路器分合闸动作期间产生的振动信号包含了重要的状态信息，通过对断路器振动信号进行处理和分析，可以有效获取高压断路器的机械状态情况。

此外，随着装机容量的逐年增加，风电机组的故障率也在大幅度升高。风电机组的传动系统作为能量转换和传递的关键部件，其所处的高空环境条件恶劣，运行工况多变，结构复杂，导致其故障率较高。传动系统的部件一旦发生故障，更换难度大，将会产生较高的维修费用和长时间的机组停机。国内外相关调查表明，风电机组传动系统的故障主要是由机械因素引起的，因而开展风电机组传动系统的机械故障诊断研究对于提高机组的运行可靠性、减少停机时间、提升效益都具有十分重要的现实意义。振动监测是机械设备状态监测与故障诊断的最可靠和最有效的技术之一，风电机组传动系统在运行过程中产生的振动信号包含了重要的状态信息，通过对风电机组传动系统中重要部件的振动信号进行处理和分析，能有效获取风电机组传动系统重要部件的机械状态情况。

本书通过对高压断路器及风电机组故障及其诊断机理进行研究，综述几种基于断路器振动信号及风电机组振动信号分析的机械故障诊断方案；通过对高压断路器及风电机组振动信号进行采集，利用先进的现代信号处理和模式识别技术，提取振动信号特征并判别其状态类型；最后针对每种诊断方案设计诊断实例研究，通过对高压断路器及风电机组在正常状态和几种典型故障状态情况下进行诊断分析，验证所提方法的有效性。本书分为三部分。

（1）引入篇：介绍电力设备关键部件机械故障诊断的研究背景及意义，以高压断路器及风电机组关键部件为例，概述国内外研究现状。

（2）高压断路器篇：首先，详细介绍高压断路器的基本结构、机械原理及常见的机械故障；然后，给出高压断路器振动信号采集系统设计方案及故障诊断方案；最后，分析各种先进的现代信号处理、特征提取技术及模式识别技术的实际应用效果。

（3）风电机组篇：首先，分析风电机组的组成部件、运行特点、主要故障及故障机理，合理选择机组的故障监测信号；然后，以风电机组传动系统关键部件的典型故障为例，给出故障诊断数据集来源，设计数据驱动场景下风电机组传动系统故障诊断总体方案；最后，针对数据驱动场景中对训练样本依赖度过高、小样本、非平衡、高噪声等问题，给出此场景下故障诊断思路，并通过不同比例的故障数据设置、多种评估指标进行对比实验，证明所提方法的有效性及先进性。

本书是在借鉴诸多学者辛勤劳动成果的基础上编写而成的，这些成果已列于参考文献中，在此表示深深的感谢。感谢研究生张书鑫、陈怀金、方立华、王斌、杨学航、陈庆珠、高旭等同学。

作　者
2021 年 12 月

目　　录

风电机组篇　传动系统关键部件机械故障诊断

引入篇

电力设备关键部件机械故障诊断

第1章 绪　论

1.1　研究背景及意义

目前，电力系统正逐步朝着更高的电压等级和更大的电能容量目标发展，这对电力设备的运行可靠性提出了更高的要求[1]。高压断路器是电力系统中极为重要的一次电力设备，在系统正常运行时完成系统的开关操作，控制电力设备和线路的投切运行，以实现负荷调配或设备的调整；当系统中某处发生故障时，断路器能迅速隔离故障线路，以保护系统非故障线路的正常运行，防止故障在系统内进一步发展和扩大[2]。在电力系统的成本投入中，高压断路器的投入成本巨大，其单台价格就较为昂贵，而在电力系统中断路器数量又很多，因而其设备总投资在系统投资中所占的比重相当大。根据统计资料显示，断路器每次故障引起的停电损失平均可高达上百万元，远比设备自身的投资成本高得多。因此，确保高压断路器的安全可靠运行，对于电力系统本身以及社会经济发展是十分迫切和必要的。

与此同时，能源短缺和环境污染的问题日益突出，已经严重影响到人民的日常生活和社会的发展。开发可再生能源作为解决当下能源危机和环境污染问题的关键所在，已经成为世界各国的能源发展战略之一[3-5]。在众多可再生能源中，风能是最具商业潜力、最具活力的可再生能源之一，因而风力发电在国家未来整体能源发展战略中扮演着十分重要的角色[5-9]。截至 2016 年底，中国风电新增装机量 23.37GW，累计装机量达到 169GW，占全球累计风电装机容量的 34.7%，排名世界第一，是第二名美国装机容量的 2.05 倍，风电装机规模遥遥领先。随着风电装机规模的快速扩大，风电机组的台数大大增加，由此产生的近 20 年的后续运营维护成本也在急剧增长[10]。风电机组所处的环境十分恶劣，多设在偏远的无人区或近海，容易受到台风、高温、强沙尘和低温冰冻等多种极端气候的影响，且随着装机容量的逐渐增加，机组的结构更加复杂，导致故障率较高[10,11]。同时，由于风能的间歇性，机组的受力情况不稳定，这使风电机组中各部件不间断地受到多变载荷的冲击。如果长时间运行在此类多变的工况下，机组的故障率会大大增加，从而大幅度增加机组的运营成本，影响使用寿命[12,13]。研究证明，一台工作寿命为 20 年的风电机组，其产生的运营维护成本占风场总效益的 10%～15%；对于海上风电机组，其所花费的运营维护成本更是占到风场总效益的 20%～25%[14]，因此，开展风电机组故障诊断的研究对降低风场的运维成本、提升经济效益、增强风电的市场竞争力具有十分重要的意义[15]。

　　高压断路器的可靠程度和工作性能将直接影响电力系统本身的安全稳定性，因而研究高压断路器运行状态、故障类型及故障严重程度的评估和诊断方法具有十分重要的意义[16]。高压断路器在电力系统中架设的数量巨大，根据不同的场合需要所选用的断路器类型也各有不同，并且各类型的断路器构造都相对十分复杂，再加上自身性能和外界条件因素的影响，断路器可能发生的故障类型是相当多的[17]。关于断路器故障原因的调查显示，在断路器所发生的各类主要故障和次要故障中，分别有44%、39%的故障由机械原因造成[18]。中国电力科学院对国内断路器故障情况调查统计也表明，机械性能损坏是引起高压断路器故障的主导因素[19]。因此，针对高压断路器机械故障开展诊断研究具有重要的现实意义。

　　电力设备的检修和维护成本显著，随着电网逐步扩大及电力系统安全可靠运行要求加强，电网的维护成本加大，对电力设备维护方案提出了更加科学和经济的要求。电力设备的检修和维护体制主要从最初的事后维修、当前的计划检修，向更加先进的状态检修方式过渡。对高压断路器机械状态的检测，目前主要是在设备交接及例行定期停电检修期间进行预防性试验，从而进行操动机构的机械特性检测等[20]。这种计划检修是间隔一定时间的预防性检修方式，对保障设备的安全经济运行发挥了重要作用。但是目前的计划检修也有局限性，存在普遍的检修不足和检修过度现象，对不必要的设备进行检修会造成人力物力浪费及停电损失等问题。事实上，对高压断路器实施计划检修方式，频繁操作和过度拆卸会在一定程度上对高压断路器造成损伤，从而引起设备可靠性的下降。据相关统计发现，断路器故障中大约10%的故障问题是由检修不当引起的。对断路器进行定期解体大修，其拆卸、检查和组装的工作量是相当大的，不仅需要较长的检修周期，也会造成显著的成本消耗，其维修费用甚至可达整台断路器设备成本的30%～50%，而且解体检修会导致一些不可预知的缺陷，降低高压断路器的工作性能，甚至会引发事故[21]。相关统计数据显示，每年花在断路器维护上的费用占整个变电站维护成本的50%左右，而断路器例行检修和小修费用又占了断路器维护费用的一半以上[22]。

　　随着智能电网的兴建和快速发展，其对电气设备的智能化提出了迫切的要求。近年来，电力行业大力倡导电力设备的状态检修，而研究高压断路器故障诊断技术能够为其状态检修提供有效的故障信息，从而可以有针对性地展开状态检修工作。此外，从社会经济性来讲，随着社会和各经济产业的快速发展，各行业对电能的需求和依赖越来越大，停电给社会生产和人民生活带来的损失也越来越大，因此保障高压断路器的稳定可靠运行变得更为紧迫。通过开展高压断路器机械故障诊断研究，能够快速准确地发现断路器现有或潜在故障并及时安排维修，从而可以有效减少因断路器故障引起的停电事故和经济损失，对增强整个系统的可靠性和经济性具有重要的意义[23]。

　　当前，双馈异步风力发电机是我国风电市场的主要机型，其故障主要出现在电气系统、控制系统和传动系统。研究表明，电气故障和控制系统故障的发生概率要高于传动系统故障，但传动系统故障的排除难度远大于前两者，造成的停机时间也更长[24-26]。这是由于传动系统主要由齿轮箱、主轴和轴承等机械部件构成，结构更加复杂，作为风电机组能量转换和传递的关键部件，受极端恶劣天气和多变运行工况的影响较大。另外，传动系统中容易发生故障的部件如齿轮箱和轴承，本身的造价较高，且重量体积大，又处于高空，更换难度大，一旦发生故障往往需要整体拆除与更换，将会产生较高的维修费用和长时间的机组停机，从而造成较大的经济损失。因此，开展风电机组传动系统的状态监测与故障诊断研究在整个机组的故障诊断中占有十分重要的地位[27-33]。

自 2015 年 5 月 21 日起，中国电力投资公司南方公司依据之前制定的计划对兴安源江风电场机组进行检修，该风电场共有 66 台风电机组，前后共花费两个月的时间才完成对所有机组的检修工作。事实上，对风电机组实施计划检修方式，频繁操作和过度拆卸会在一定程度上对风电机组造成损伤，埋下安全隐患，从而会引起设备的可靠性下降，尤其是对于风电机组传动系统中的齿轮箱和轴承部件，体积重量大，又处于高空，拆卸与检修均需借助起吊装置，在拆卸、检查和组装的过程中难免会造成损坏，并且工作量是相当大的，不仅需要较长的检修周期，也会造成显著的成本消耗[34,35]。齿轮箱和轴承等大型部件的解体检修还会引入一些不可预知的缺陷和隐患，影响风电机组的安全性、可靠性和工作性能，久而久之可能会发展为故障并引发事故[36-39]。

随着风电装机规模不断扩大，计划检修已无法满足风电场的可靠性、经济型要求，提高风电行业竞争力，对风电机组尤其是机组传动系统的计划检修向状态检修过渡已成为必然趋势[40-42]。风电机组传动系统故障诊断技术能够为状态检修提供有效的故障信息，从而可以有针对性地对其展开状态检修工作，缩短因计划检修造成的非故障停机。通过开展风电机组传动系统机械故障诊断研究，能够快速准确地发现传动系统中齿轮箱和轴承等机械部件存在的故障隐患，及时制定维修方案进行针对性维修，减少因传动系统机械部件故障所造成的机组停机和经济损失，从而提高整个风电机组的安全性、可靠性和经济性，提高风电行业的竞争力。

1.2 断路器机械故障诊断研究综述

国外一些组织已经开发出了较为成熟的高压断路器诊断系统，如瑞士 ABB 研制的六氟化硫断路器状态监测系统、法国 ALSTOM 研制的 CBWatch 系列断路器状态监测系统、美国 Hathway 公司研制的 BCM200 断路器状态监测系统及日本东芝公司联合东京电力公司开发的 GIS 在线监测及诊断系统等。我国相关方面的研究起步相对较晚，但仍有一些具有代表性的监测系统也取得了不错的效果，如清华大学开发的 CBA-1 断路器状态监测系统、中国电力科学研究院开发的 KZC-1 型高压断路器在线监测仪、华中科技大学和湖南省电力局联合开发的高压断路器机械特性在线监测系统以及哈尔滨工业大学开发的 CBMS 系统等。

　　近几十年来,国内外学者在高压断路器状态监测和故障诊断方面做了许多研究,为提高高压断路器的运行可靠性提供了重要的理论指导和技术支持。国内外研究主要是首先选定能够包含高压断路器机械状态的信息量(即监测对象),然后利用现代信号处理等技术对其进行处理和分析,获得能够反映高压断路器状态情况的特征量,并使用模式识别技术进行识别和分类。

1.2.1　断路器机械故障诊断的监测对象

　　高压断路器常见的机械故障包括传动机构变形、分合闸线圈失灵或卡涩、锁扣失灵、曲柄卡滞、螺丝松动、润滑不良、部件破裂、触头位置不正常和缓冲器故障等。从监测对象的角度,根据 IEEE 建议的断路器故障监测对象选择原则[43],目前最为常用的断路器机械故障诊断监测对象主要包括断路器振动信号、分(合)闸线圈电流信号、动触头行程-时间特性曲线等。

　　(1)振动信号:高压断路器在进行分合闸操作时操动机构释放较强的能量,带动传动机构完成动触头的分合操作,在此过程中会产生剧烈的振动。这种振动信号蕴含了与断路器机械状态相关的一些信息,通过对这些状态信息进行有效挖掘,就可以实现高压断路器的机械故障诊断。由于高压断路器振动信号所蕴含的信息十分复杂,采用适当的信号预处理技术和特征提取方法将振动信号中的故障信息提取出来,进而通过人工智能算法可以获得断路器故障诊断结果。这种基于振动信号分析的故障诊断方法是非侵入式的,不会对设备本身性能产生影响,且适用于高电压和强电磁的环境中,因而近年来基于振动信号分析的断路器故障诊断方法获得了广泛的关注。

　　(2)分(合)闸线圈电流:高压断路器接收到动作命令时,断路器分闸或合闸线圈励磁产生电磁推力,推动相应的分(合)闸挚子脱扣以释放储能装置储存的能量,从而驱动操动机构和传动机构动作以实现断路器的分闸或合闸操作。在该动作过程中,有电流流过分(合)闸线圈,且电流的大小随时间呈一定的规律变化。这种具有规律变化的线圈电流,可以反映线圈自身、控制机构和线路存在的某些故障,如线圈绝缘缺陷、供电电压异常、线圈铁芯卡涩等。一般采用霍尔电流传感器来获取线圈电流,其测量方式简单方便,并且不会影响控制回路的工作性能。因此,可通过监测分(合)闸线圈电流来获得线圈、操动机构等部件的状态情况。事实上,断路器分(合)线圈与其连接部件会在长期工作中出现卡涩和变形的现象,而大约有 26.1%的断路器拒动和误动故障是由该现象引起的[44]。通过监测断路器分(合)闸线圈电流,可以实现对此类故障的诊断,及早发现断路器存在的故障或缺陷[45-47]。

(3)动触头行程–时间特性：高压断路器的分合闸过程，实际上是传动机构带动动触头与静触头的接触和分开过程。通过在动触头上安装位移传感器，可以获得动触头的行程–时间特性曲线。根据该行程–时间特性曲线，可以获得一些断路器状态参数，如动触头行程、动触头刚分/刚合速度、分/合闸时间及动触头速度曲线等。这些参数能够在一定程度上反映断路器性能的好坏，它们在正常情况下都有一个最佳取值范围，超出该范围就说明断路器出现了某些缺陷或故障。断路器在出厂时会在说明书上注明这些参数的正常范围，检修人员可以通过对比这些状态参数来判定断路器是否出现了故障问题。文献[48]、[49]通过监测断路器动触头行程–时间特性曲线，获得相应的状态参数，从而实现断路器的故障诊断。

在上述三种断路器故障诊断检测对象中，基于分(合)闸线圈电流的诊断方法往往对于线圈本身及其连接机构发生的故障具有较好的反映，而无法有效地反映其他机构产生的故障，因而具有较大的故障诊断局限性。基于动触头行程–时间特性曲线的诊断方法需要在动触头上安装位移传感器，不仅安装较为不便，而且能够诊断的机械故障类型也较为有限。基于振动信号分析的诊断方法能够较为全面地体现断路器机械故障情况，而且振动信号的获取方式简单方便，故现有研究多采用监测振动信号的方式以开展断路器机械故障诊断。

1.2.2 断路器振动信号处理方法

高压断路器在进行分合闸操作时，储能装置释放很强的能量，通过传动装置带动动触头运动，从而实现分、合闸操作。在这一过程中，储能机构的动作、传动机构的冲击及各种零件的碰撞和摩擦，会产生强烈的机械振动。这些振动信号含有丰富的与设备机械状态相关的信息，可以表征高压断路器机械运行状态的好坏。

文献[50]通过广泛的高压断路器现场诊断试验，指出振动分析是一种合适且可靠的非入侵性诊断测试的方法。对高压断路器动作期间产生的振动信号进行分析和处理，可以把能够反映断路器机械状态的有效信息从复杂的振动信号里面提取出来，从而实现对断路器的诊断。因此，采用合适的信号处理方法对振动信号进行处理是有效提取设备状态信息特征的前提。文献[51]提出了将高压断路器振动信号用一系列按指数衰减的振动子事件表示的方法。该方法虽然在一定程度上能够有效提取振动信号中的主要子波发生的时刻，但是在实际应用中，由于此类方法忽略了很多可能出现的干扰情况而过于理想化，其准确性取决于对断路器振动信号中的主要振动事件所对应的频率分量划分的有效性。

高压断路器机械振动信号具有很强的瞬变性，其频率成分十分复杂，是典型的非平稳、非线性信号，传统的信号处理方法如快速傅里叶变换(fast Fourier transfer, FFT)不适合振动信号的分析和处理。在早期的研究中，时域包络法[52]、数理统计法[53]等方法在断路器振动信号的分析中取得了一定效果，但是上述方法都是基于时域的分析方法，难以有效地挖掘断路器振动信号中包含的与频率相关的状态信息。

目前，在断路器振动信号处理方面，较为普遍且处理效果较好的方法主要有动态时间规整法、短时能量法、小波变换、小波包变换、经验模态分解等。

(1)动态时间规整法：Runde 等提出了将动态时间规整法(dynamic time warping，DTW)应用于断路器故障诊断的方法[50]，该方法通过比较高压断路器待测振动信号与参考信号在时域上的特征相似度，以实现断路器的故障诊断功能。文献[54]采用一组正常的断路器振动数据作为参考信号，利用 DTW 方法进行了故障诊断试验，证明了 DTW 用于断路器振动信号识别的有效性。DTW 方法对振动信号的时间差异具有良好的分析能力，能够较好地诊断出如机构部件卡涩等具有时延特性的故障类型。但该方法对信号整体强度变化不敏感，因而识别的断路器故障类型也较为有限。

(2)短时能量法：短时能量法通过计算信号在某一滑动时间窗内的能量来分析信号特性。在计算信号能量时进行了平方运算，使信号的强弱对比更加明显，而噪声产生的影响减弱，因此该方法还具有信号降噪的作用。文献[55]通过短时能量法对高压断路器振动信号进行分析，提取了合闸时间及合闸同期性等断路器状态参量。将短时能量分析用于断路器振动信号的处理，不仅能够对断路器振动信号有效降噪，而且这种方法本身受断路器承载电流的影响也较小，具有良好的精度和稳定性。文献[56]采用小波包变换对断路器振动信号进行分解和重构，并采用短时能量法对重构信号进行分析，以辨识断路器合闸变位点，获得了较好的效果。短时能量法能够有效辨识断路器分合闸同期性问题，而对于其他类型的断路器故障，该方法尚缺乏相应的诊断性能验证。

(3)小波变换和小波包变换：小波变换(wavelet transform，WT)具有随频率改变的时-频分辨率，是信号时-频分析的理想工具，适合于非平稳信号的处理。文献[57]采用小波分解首先对高压断路器振动信号进行去噪处理，并提取小波重构信号的包络，然后进一步采用小波变换将信号包络分解为各尺度分量，计算各分量信号的奇异性指数作为故障诊断的特征量。小波包变换(wavelet packet transform，WPT)是在小波分解的基础上提出的，能够克服小波变换在高低频段的频率和时间分辨率较差的缺点，是一种更精细的信号分析方法。文献[58]采用小波包分解断路器振动信号，并选择状态变化敏感节点的最大系数作为故障诊断的特征向量。文献[59]将小波包变换和熵理论相结合，提取振动信号的小波包特征熵作为断路器故障诊断的特征向量。文献[60]采用小波包分解断路器振动信号，提取分解信号的能谱熵作为故障诊断的特征向量。小波分析能够表征信号在时域和频域的局部特征，广泛应用于机械故障诊断。但是小波变换实质上是可调窗的傅里叶变换，可能会出现能量泄漏问题[61]，而且在实际应用中小波变换的基函数和分解尺度的选择也是一个难题。

(4)经验模态分解：经验模态分解(empirical mode decomposition，EMD)是一种具有自适应分解特性的信号时频分析方法，适合非平稳信号的分析和处理。EMD 根据信号自身的时间尺度特征将信号分解为若干个固有模态函数，具有良好的时频分辨率，能够详细刻画非平稳信号的时频特性。文献[62]～[65]采用 EMD 方法将断路器振动信号分解为若干个模态分量，然后计算各模态分量包络的能量熵作为故障诊断的特征量。文献[66]通过 EMD 算法分解断路器振动信号获得相应的固有模态函数，并选取能够包含主要故障特征的几个模态分量，计算其能量总量作为分类器输入特征向量。文献[67]采用 EMD 分解断路器振动信号后，选择原始信号的均方值、峭度及 EMD 前五阶模态分量的能量比作为故障诊断的特征向量。文献[68]采用 EMD 分解振动信号获得各模态分量，然后通过希尔伯特谱分析得到信号时-频矩阵，再通过矩阵奇异值分解方法提取振动信号特征向量。EMD 在分析和处理非平稳信号中表现出了良好的性能，但其算法性质也具有一些固有缺点，如模态混叠、端点效应等。

1.2.3 断路器状态识别方法的研究

对高压断路器故障状态进行识别和分类，实际上是一个模式识别问题。提取高压断路器振动信号的特征向量后，将其输入到分类器中，分类器对状态器进行识别和分类。在高压断路器机械故障诊断研究中，采用最多的模式识别方法主要包括人工神经网络和支持向量机。

(1)人工神经网络：人工神经网络是一种模拟人脑神经系统信息处理机制的数学模型，其通过相互连接的各神经元之间的并行处理，来模仿人脑的思维判断过程。人工神经网络具有并行性高、自适应性强、容错性好及良好联想记忆功能和知识分布存储等特点，对外界输入样本表现出了良好的识别与分类能力。文献[59]、[60]将断路器振动信号的特征量输入到神经网络，神经网络通过其网络模型的相关运算输出对应的状态类别，从而实现断路器的故障诊断。人工神经网络存在易陷入局部最优解、网络训练速度慢、过学习等缺点，在实际应用中其参数设置也具有一定难度，而且由于其对训练样本要求较高，不大适合小样本分类问题，因而其在高压断路器故障诊断领域的应用并不广泛。

(2)支持向量机：支持向量机是一种基于统计学习理论的机器学习方法，具有强大的分类和预测功能。支持向量机模型是一个高维特征空间上的线性分类器，其基于结构风险的最小化理论，能够在样本空间较小的条件下仍保持较高的精度，十分适合小样本、高维度及非线性的分类问题。由于高压断路器一般很少动作，无法获得足够的故障样本数据，所以高压断路器故障诊断实际上是一个小样本分类问题，支持向量机在该研究中获得了广泛的应用。文献[45]、[46]、[58]及文献[62]～[65]均采用支持向量机对高压断路器状态进行识别，将断路器振动信号的特征向量输入到支持向量机中，支持向量机根据其训练模型对断路器状态进行分类。

相较于人工神经网络，支持向量机在解决小样本分类问题上能力更加突出，因而在断路器故障诊断领域的使用也更为广泛。但是支持向量机的识别准确率在很大程度上也会受训练样本的影响，当实际应用中出现新的未知类型故障时，由于缺失该故障类型的训练样本，支持向量机无法进行训练以获得相应的分类器模型，必然会将其识别为正常状态或者其他错误的故障类型。显然，这种情况下支持向量机的分类性能难以满足可靠性要求。因此，需要设计更加合理的故障诊断方案，以完善现有研究方法中存在的不足和缺陷。

1.3 风电机组机械故障诊断研究综述

目前我国双馈式异步风电机组应用最为广泛，其传动系统的故障多数发生在齿轮箱、轴承和发电机，齿轮损伤、轴承磨损、轴系不平衡、不对中等是最为频发的故障类型。

国内外的相关研究首先选定能够反映风电机组传动系统各部件状态信息的参量（即监测对象），然后通过现代信号处理方法对这些风电机组状态量进行处理和分析，达到消除噪声或者降低信号复杂度的目的，获取准确刻画风电机组传动系统各部件运行状态的特征信息。在此基础上，借助模式识别技术判断风电机组传动系统的机械状态是否正常，并在发生故障的情况下确定其故障类型。

1.3.1 风电机组传动系统故障诊断的监测对象

本节以双馈式异步风机为研究对象，分析了该机型传动系统故障诊断的常用监测对象。该机型的传动系统主要由齿轮箱、主轴、轴承、发电机及联轴器构成，以振动信号、电参数、温度变化、数据采集与监控系统系统参数（supervisory control and data acquisition，SCADA）为主要监测对象进行分析并开展故障诊断[69]。

常用风电机组故障监测信号如表 1-1 所示。

表 1-1 常用风电机组故障监测信号

信号类型	监测部件	信号处理复杂性	能否监测潜在故障	能否故障定位	能否故障识别
振动信号	轴承、齿轮箱、叶片、发电机、主轴、塔架	中等	能	能	能
声发射信号	轴承、齿轮箱、叶片	高	能	能	能
应变传感信号	叶片	中等	能	能	能
温度信号	轴承、齿轮箱、发电机、功率变换器	低	可能	可能	否
润滑油液信号	轴承、齿轮箱、发电机	低	可能	可能	可能
电信号	轴承、齿轮箱、叶片、发电机、主轴、塔架	高/中等	可能	能	能
SCADA 信号	叶片变桨系统、功率变换器、控制系统、发电机、液压系统	中等	可能	可能	可能

1. 振动信号

振动分析[69-76]是如今较为成熟的故障诊断方法，这种故障诊断方法是非侵入式的，并且受背景噪声的影响较小，因而长久以来以风电机组传动系统的振动信号为分析对象开展故障诊断成为常用的方法之一。

为了获取风电机组传动系统振动信号，需要在风电机组传动系统中设置振动数据采集点并通过传感器完成数据采集[69]。振动数据采集点常设在传动系统的主要机械部件上，如主轴承、各级齿轮箱、发电机两端轴承等。通过发掘风电机组传动系统振动信号中所包含的故障特征与状态信息，便能确定风电机组传动系统各个部件的机械状态是否正常。由于风电机组传动系统机械部件振动信号表现出明显的非平稳特性且工作环境充斥着大量的噪声，故需要借助有效的信号处理方法来对信号进行处理，以降低特征提取的难度，便于有效状态信息的发掘，然后通过模式识别技术对风电机组传动系统完成状态监测与故障诊断。

2. 电参数

电参数分析主要以风电机组发电机的终端信号如定子电流信号为监测对象进行故障诊断。文献[12]首先对发电机定子电流信号进行 Park 转换，并对变换后得到的矢量模平方信号进行快速傅里叶变换，然后成功提取了叶轮不平衡和绕组不对称故障的特征频率完成故障诊断。文献[15]对发电机定子电流采用导数分析方法，成功提取了叶轮不平衡的故障特征，取得了良好的诊断效果。文献[77]将幅值和频率解调技术应用于异步电机，并对解调后的电流信号进行离散小波变换以降低噪声，通过频谱分析确定齿轮的啮合频率，以实现齿轮箱故障诊断。

对异步电机的电流信号电参数分析法的故障诊断结果受噪声干扰的影响较大，诊断结果很大程度上取决于降噪方法的性能，因而一般难以在风电场的实际现场故障诊断中开展，且主要适用于风电机组发电机自身出现的故障，极少应用于机组传动系统主轴承、齿轮箱出现的机械故障。

3. 温度变化

利用传动系统中主轴的温度变化或油温的变化可以对故障进行预警。当传动系统中各个部件处于正常运行状态时，主轴温度或油温将在正常范围内变化，否则说明传动系统的运行状态异常，系统进入预警状态。文献[42]将非线性状态估计法用于齿轮箱的故障诊断，对齿轮箱油温的变化趋势实施了准确的预测，并通过观察油温估计值与真实值之间的实时计算残差有没有超过事先设定的安全阈值，来判定是否需要进行故障报警。文献[78]将模糊推理用于齿轮箱故障诊断，预测了齿轮箱油温劣化趋势的状态数值，成功完成了对齿轮箱的故障诊断。

4. SCADA 系统参数

SCADA 系统中的各类参数包括输出功率、风速、发电机绕组温度、功率因数、无功功率、相电流等电气参数和过程参数以及少量的振动参数，根据这些参数的变化可以判断风电机组各系统的运行状况是否正常[6,10,13,37]。

综合分析与比较上述风电机组传动系统故障诊断的监测对象可以发现，以各部件运行过程中产生的振动信号为监测对象的故障诊断方法更加适合于风机传动系统。

1.3.2 基于振动信号分析的风电机组传动系统故障诊断研究现状

风电机组传动系统在运行过程中所产生的振动信号含有丰富的与各部件机械状态相关的信息，可以表征机组传动系统机械运行状态的好坏，且基于振动信号的监测方法是最直接有效的。目前，使用较多的振动信号的处理方法主要有小波变换、小波包变换、经验模态分解等。

1. 小波变换

文献[77]将频率解调后的异步电机电流信号，进行离散小波变换，以起到降低噪声和移除相近干扰特征的作用，最终通过频谱分析确定齿轮的啮合频率，以实现齿轮箱故障。诊断文献[79]通过小波变换对采集的电机轴承振动信号进行分解，以达到去除信号中噪声的目的，并对降噪后的电机轴承信号进行经验模态分解，进而对所得分量进行频谱分析以提取故障特征信息，完成电机轴承故障诊断。

2. 小波包变换

文献[28]采用改进的小波包对信号进行处理，然后对分解结果进行包络谱分析去顶故障特征频率，实现齿轮箱故障诊断。文献[73]利用 WPT 对风电机组齿轮箱齿轮振动信号进行分解以提取其故障特征，然后借助倒频谱分析方法识别故障类型并对故障部位进行定位。但是 WT 与 WPT 实质上是窗宽可调的傅里叶变换，在分解的过程中存在能量泄漏的问题，影响分解结果的准确性，而且在分解前小波基需要重新选定，不同的小波基函数对分解结果会产生较大影响。

3. 经验模态分解

文献[30]首先通过最大相关峭度解卷积法对风机轴承信号进行降噪处理，然后利用 EMD 方法对降噪后的振动信号进行分解，并获得一系列处于不同频段内的固有模态分量，进而通过包络谱分析确定故障特征频率，实现轴承早期故障的诊断。文献[80]首先利用 EMD 方法将轴承振动信号自高频至低频分解成一系列的固有模态分量，然后用 Teager 能量算子计算各固有模态函数的瞬时幅值，最后对固有模态函数瞬时幅值的包络谱进行分析来对故障进行识别。EMD 方法凭借其自适应特性在信号处理领域得到了广泛应用，但该算法本质上也存在一些不足之处，如模态混叠、虚假模态、端点效应、缺乏完备理论支撑等。为了克服这些缺陷，出现了很多 EMD 的改进方法如局域均值分解、集合经验模态分解[81]，但这些方法仍未完全克服 EMD 方法存在的缺陷。

综合分析上述在风电机组传动系统故障诊断领域常用的信号处理方法可知，传动系统的振动信号本身的特点及信号处理方法自身存在的不足，导致分解效果可能会受到影响，从而对后续的特征提取过程造成影响。因此，找到一种合适的信号分解方法对于特征提取乃至整个故障诊断过程是非常必要的。

1.3.3 风电机组传动系统状态识别方法研究现状

现有的风电机组传动系统机械故障识别方法可以分为两大类。第一类是包络谱法，这种方法通过观察振动信号频谱中的频率峰值即故障特征频率来实现故障诊断；第二类是模式识别法，提取风电机组传动系统各机械部件振动信号的故障特征信息，并将这些特征信息输入到已经训练好的分类器，最终实现对传动系统机械状态的自动识别与分类，当前采用最多的模式识别法主要是人工神经网络和支持向量机。

1. 包络谱法

包络谱法[28,71,73]通过提取风电机组振动信号的故障特征频率实现故障诊断。风电机组各部件从早期异常到形成功能故障是一个逐渐劣化的过程，因此，在故障的早期，可能还未出现较为明显的故障特征频率，从而错过维护的最佳时机。当在频谱中出现明显的故障特征频率时，异常机械部件可能已经处于非常严重的故障状态，从而面临重新更换零部件及停机造成的损失，大大增加运营成本。并且，在背景干扰噪声较为强烈时，该方法的诊断结果容易受到影响。此外，该方法为了能检测传动系统齿轮箱、轴承等部件的故障，需要有相关待检测数学模型和故障特征频率的先验知识，检测精度与检测人员的专业知识水平和经验有密切关系，而且这种故障诊断方式一般很难实现在线诊断[69]。因此，通过提取复杂特征，进而利用人工神经网络、支持向量机等分类器实现风电机组传动系统故障的自动多分类识别，仍是当今风电机组故障领域的主流技术。

2. 人工神经网络

人工神经网络框架[26,27]采用多层结构方式，通过前向传导和反向传播的方式不断优化输入层、隐含层和输出层之间的连接权值及阈值来模拟神经系统信息处理机制。在不同激活函数的辅助下，神经网络能够对训练样本数据进行近乎完美的学习，且对不同输入样本均具有良好的分类和识别能力。然而，神经网络对训练样本过于完美的学习使其极易陷入过拟合，且神经网络训练过程中可调节参数数量庞大、模型训练效率低，难以满足小样本分类问题的需求。但是近期，具有强大分类能力的深度神经网络、卷积神经网络等吸引了众多研究者的注意力。

3. 支持向量机

支持向量机(support vector machine，SVM)作为一种有完备统计理论支撑的机器学习算法，自 20 世纪 90 年代提出以来，由于其良好的性能得到了众多研究者的关注，广泛应用于模式识别领域[4,11,17,35]。SVM 的基本原理是将样本空间中线性不可分的样本映射到高维特征空间中，这一映射过程是通过核函数完成的，这样可将线性不可分的问题转化为线性可分的问题，进而确定其分类边界。SVM 的主要优点包括算法较为简单易懂、表现出强大的"鲁棒"性,在一定程度上消除"维数灾难"造成的不利影响等。但是，SVM 算法主要用于处理小样本问题，在面对规模较大的训练样本时难以起到良好的效果，且在解决多分类问题时存在困难。

人工神经网络和支持向量机等多分类方法在故障诊断等领域得到广泛应用，但需要注意的是，多分类方法的分类准确率受训练样本的影响较大，表现出对训练样本的过度依赖性，其依赖性主要体现在：在利用多类分类器对故障样本进行类型识别时，必须首先用训练样本对分类模型进行训练。而只有当训练样本中包含待检测样本的归属故障类型时，多类分类器才能准确地完成对待测样本的类型识别。然而风电机组传动系统的故障类型多种多样，不可能通过实验来获取能够覆盖所有故障类型的样本，并且由于一些故障类型发生频率较低或获取成本过高而难以大量积累。这就会导致传统多类分类器在遇到这类训练样本中不包含的故障类型样本时，很可能将它们误识别为正常状态，从而出现漏检现象，错过检修维护的最佳时期。

综合分析当前风电机组传动系统状态识别方法的研究现状可知，包络谱法对训练样本的依赖度较低，但需要不同故障类型故障特征频率的先验知识，对早期故障的检测难以起到良好的效果，不适用于风电机组传动系统故障诊断的自动多分类识别。基于多分类器的故障诊断方法能够实现对风电机组传动系统故障诊断的自动多分类识别，但存在对训练样本依赖度过高的缺陷。在实验室环境下，训练样本集合中故障类型全面且样本充足，基于多类分类器的故障诊断方法可以获得较好的识别效果。但在实际工程应用中，有时出现新的未知类型故障(之前未发生过或发生频率较低而未经记录的故障类型)，这种训练样本中不包含的新的故障类型必然会被多类分类器误识别为正常状态或其他错误的故障类型，从而造成误识别或漏检，导致故障诊断时间大大延长，甚至使故障演变为灾难性事故。显然，这种情况下多类分类器就不能满足风电机组传动系统故障诊断的高可靠性要求。

1.4 高压断路器机械故障诊断方案设计

1.4.1 高压断路器的基本结构及工作原理

断路器是电力系统中最重要的控制和保护设备,通常认为额定电压在 3kV 及以上的断路器为高压断路器。高压断路器属于电力系统一次设备中的开关设备,其主要功能是切断正常工作时的负荷电流或空载电流,或当系统出现故障时在继电保护装置的控制下切断短路电流或过载电流。因此,其运行状态的优劣会直接影响到电力系统的可靠性。

由于高压断路器需要承担切断较大电流的任务,所以必须具备一定的灭弧能力。高压断路器在断开负荷电流或切断故障电流时,要有良好的灭弧性能。高压断路器按灭弧介质主要分为油断路器(多油断路器和少油断路器)、真空断路器、压缩空气断路器、六氟化硫断路器、自动产气断路器和磁吹断路器。

除了具备灭弧介质外,还必须要有配套的操动机构提供较大的能量,才能达到快速拉弧、灭弧的目的。高压断路器的操动机构按其原理主要分为手力操动机构、弹簧操动机构、气动操动机构、液压操动机构、电磁操动机构、永磁操动机构和弹簧储能液压机构。

尽管断路器种类繁多,内部机构也有所不同,但是其基本结构一般是由操动机构、传动系统、开断元件、支持绝缘件及基座等关键部分构成[82]。高压断路器典型结构图如图 1-1 所示。

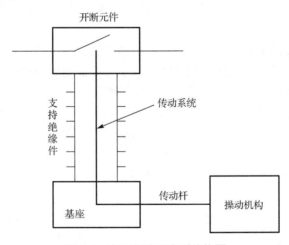

图 1-1 高压断路器典型结构图

高压断路器类型很多,结构比较复杂,主要由以下几个部分构成。

(1)操动机构：按照有关规定接收分、合闸指令，并为断路器分、合闸操作提供所需的机械能量。

(2)传动系统：将操动机构的分、合闸能量通过操动机构内的机械部件传递给开断元件，包括各种连杆、齿轮和拐臂等。

(3)开断元件：主要包括灭弧装置和导电系统中的动、静触头，具有瞬时切断故障电流的作用。

(4)支撑绝缘件：用来支撑断路器本身和保障绝缘，主要包括断路器外壳和绝缘瓷瓶。

(5)基座：一般由钢板制成，作为整台断路器的底座，用来支撑和固定设备。

图1-2是文中实验部分所研究的LW9-72.5型六氟化硫断路器,其采用的是CT15型弹簧操动机构，额定电压 72.5kV，额定电流 2.5kA，额定短路开断电流 31.5kA。

图 1-2 LW9-72.5 型高压断路器实物图

通常认为高压断路器的机械系统主要由操动机构、传动系统和提升机构(指直接带动断路器动触头运动的机构，使动触头能够按直线或近似直线的轨迹运动)组成。其中传动系统和提升机构相对结构简单，和操动机构相比出现故障的概率一般较小。因此，高压断路器机械故障大部分是由操动机构性能下降造成的。由于高压断路器的分、合闸动作主要是通过操动机构来完成，故操动机构的性能和运行状态直接影响高压断路器的工作性能和运行的可靠性。对高压断路器的操动机构主要有以下几点要求。

(1)合闸。正常工作情况下，电路中流过的工作电流相对较小，实现断路器的合闸是比较容易的。但一旦发生事故,断路器需要合到故障电路上时,可能会受到阻碍断路器合闸的电动力。一旦这种情况发生,有可能不能可靠合闸,如果动触头不能合到位,很有可能导致触头烧伤,甚至发生断路器爆炸等严重事故,产生严重的后果。因此,操动机构必须具备克服阻碍合闸电动力的能力。但另一方面合闸输出机械功也不宜过大,以免出现合闸冲击力太大导致零部件损坏的问题。

(2)保持合闸。在整个合闸动作中,合闸命令持续时间和操动机构操作功释放时间都很短,为了保证合闸命令和操作功消失后断路器仍能保持在合闸位置,操动机构中必须设计保持合闸的部分。

(3)分闸。操动机构应该同时具备电动(远程或就地)和手动分闸的能力,且为了满足灭弧性能的需求,分断时间应尽可能缩短,以尽量减少短路故障的存在时间。同时,在操动机构中应有分闸省力设备,以满足快速分闸和减少分闸功的要求。但另一方面分闸输出机械功也不宜过大,以免出现分闸冲击力太大导致零部件损坏的问题。

(4)自由脱扣。指当断路器在合闸过程中又接到分闸命令,那么操动机构应立刻停止合闸命令而转为执行分闸命令。如不具备这一功能,则当断路器即将合到有短路故障的电路上时,必须等到断路器的动触头关合到底后才能再执行分闸命令,这是十分不利的。

(5)防"跳跃"。"跳跃"现象是指当断路器合到有短路故障的电路上时,在自动分闸后若合闸命令仍然没有解除,则断路器分闸后又会再次合闸,接着又可能由于短路故障仍然存在而再次自动分闸。这样短时间内反复多次分、合短路电流,容易造成触头的严重烧伤甚至引发断路器爆炸事故。工程上可采用机械和电气两种措施实现防"跳跃"功能。

(6)复位。在断路器操动机构中应设有实现复位功能的装置,使断路器能够在完成分闸动作后,自动恢复到准备合闸的状态。

(7)连锁。操动机构中应有一系列连锁装置,以保证操动机构的动作可靠。常用的连锁装置包括分、合闸位置连锁,低气(液)压与高气(液)压连锁及弹簧机构中的弹簧位置连锁。

(8)缓冲。为了防止断路器在分合闸动作时零部件受到过大冲击力而造成损坏,需要设置缓冲装置来吸收多余的动能,使高速运动的零部件在到达指定位置后立即停止下来。

为了满足上述这些要求,高压断路器的操动机构在设计上一般比较复杂,因此容易出现各种各样的机械故障。由于不同类型的操动机构其具体故障情况不尽相同,限于篇幅,下面以研究的 LW9-72.5 型六氟化硫断路器作为代表,重点介绍弹簧操动机构的特点、结构、基本原理。

弹簧机构是指利用弹簧作为储能原件提供断路器动作时的能量的操动机构,具有多种形式，具备大多数高压断路器操动机构具备的闭锁及重合闸等功能。弹簧操动机构具有成套性强的特点，因而不需要额外配置其他附属设备。其具有体积小、噪音小、对环境友好、对气候条件适应性较强、运行维护量小及可靠性高等优点。但是，其结构相对复杂，对于加工工艺的要求相对较高。由于六氟化硫断路器多采用"自能"式灭弧室，对操动机构的输出功率要求不高，故在252kV及以下电压等级的高压断路器中，弹簧操动机构的应用比较普及。

弹簧操动机构通常一起装设在机构箱中，机构箱上装有手动就地分、合闸按钮及开关位置指示器，机构箱上还应有可靠接地的接地螺丝。弹簧机构的主要组成部分包括储能机构、电气系统及机械系统。

(1)储能机构。包括储能电动机、传动机构、连锁装置及合闸弹簧等。当需要人工储能时，可以将手动储能手柄套装到传动轮的轴上，上面还设置有储能指示器。全套储能机构通常用钢板外罩保护，或安置在同一机构箱里面。

(2)电气系统。包括分、合闸线圈、辅助开关、连锁开关及二次接线板等。

(3)机械系统。包括分、合闸机构及输出轴(拐臂)等。

图1-3是电动储能式弹簧机构的基本组成原理框图。电动机通过减速装置向储能装置输送能量，使合闸弹簧处于已储存机械能的状态。

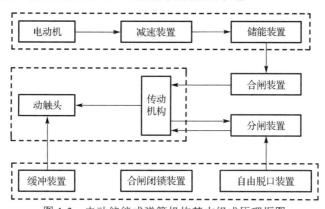

图1-3 电动储能式弹簧机构基本组成原理框图

当完成储能时，合闸闭锁装置使弹簧保持在储能状态并切断电动机电源。当接收到合闸命令信号时，合闸闭锁装置释放，合闸弹簧释放机械能。这部分机械能的一部分通过传动机构带动动触头动作以完成合闸操作，另一部分通过传动机构将能量输送到分闸弹簧上，使分闸弹簧处于储能状态。当合闸动作完成以后，电动机将接通电源继续重新为合闸弹簧储能。而分闸弹簧在接收到分闸命令信号时，自由脱扣装置将释放分闸弹簧的能量，通过传动机构带动动触头完成分闸操作。

图1-4～图1-6是弹簧操动机构的组成结构及工作原理图。

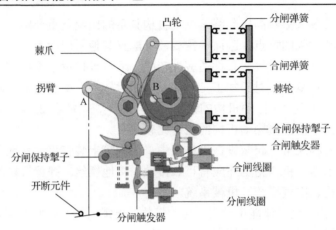

图 1-4　弹簧机构处于合闸位置(合闸弹簧已储能)

图 1-4 所示状态是高压断路器触头处于合闸位置,且合闸弹簧已储能的状态(同时分闸弹簧也已完成储能),图中 A、B 为轴销。此时已经储能的分闸弹簧通过传动机构的联系,使主拐臂受到偏向分闸位置的力,但高压断路器在分闸保持掣子及分闸触发器的作用下保持闭锁,因而高压断路器保持在合闸位置。

进行分闸操作时高压断路器的弹簧机构状态由图 1-4 转变为图 1-5。收到分闸命令后,分闸线圈带电,在电磁力的作用下分闸铁芯撞杆撞击分闸触发器,于是分闸触发器将顺时针旋转并导致分闸保持掣子被释放,分闸保持掣子也顺时针旋转,导致主拐臂上的轴销 A 被释放,于是分闸弹簧储存的机械能使主拐臂逆时针旋转,带动高压断路器动触头分闸。

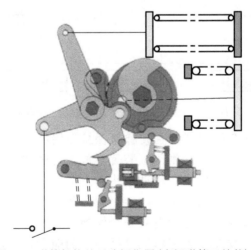

图 1-5　弹簧机构处于分闸位置(合闸弹簧已储能)

图 1-5 所示状态是高压断路器处于分闸时的位置,合闸弹簧为已储能(分闸弹簧

已释放)的状态。这时凸轮通过凸轮轴与棘轮相连,棘轮由于受到已储能的合闸弹簧的作用,存在着顺时针方向的力矩,但在合闸弹簧储能保持掣子和合闸触发器的共同作用下其保持闭锁,因而高压断路器触头保持在分闸位置。

进行合闸操作时高压断路器的弹簧机构状态由图 1-5 转变为图 1-6。收到合闸命令后,合闸线圈带电,在电磁力的作用下合闸铁芯撞杆撞击合闸触发器,于是合闸触发器将顺时针旋转,并导致合闸弹簧储能保持掣子被释放,合闸弹簧储能保持掣子逆时针旋转,释放棘轮上的轴销 B,于是合闸弹簧储存的机械能使棘轮带动凸轮轴逆时针旋转,进一步使主拐臂也顺时针旋转,于是高压断路器完成合闸。在此过程中分闸弹簧被同时压缩,分闸弹簧完成储能过程。当主拐臂转到设定的行程末端时,在合闸保持掣子及分闸触发器的共同作用下,轴销 A 将被闭锁,高压断路器动触头于是保持在合闸位置。

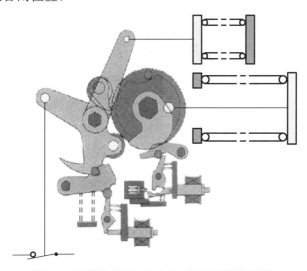

图 1-6　弹簧机构处于合闸位置(合闸弹簧释放)

图 1-6 所示的状态为高压断路器处于合闸位置时合闸弹簧已释放的状态(分闸弹簧已储能)。高压断路器完成合闸操作后,与棘轮相连的凸轮板导致限位开关闭合,此时磁力开关带电,于是电动机回路被接通,然后储能电机启动。储能电机通过带动一对锥齿轮传动将能量传递到与一对棘爪相连的偏心轮上,通过偏心轮的转动使这一对棘爪可以交替蹬踏棘轮,使棘轮逆时针转动,于是带动合闸弹簧储能。合闸弹簧储能到位后,由合闸弹簧储能保持掣子将合闸弹簧锁定。同时凸轮板使限位开关能够切断电动机回路,至此合闸弹簧储能过程结束。

图 1-7 为弹簧操动机构的高压真空断路器的结构图。高压真空断路器的机械系统主要由灭弧部分、导流部分、绝缘部分和操作机构部分组成。高压真空断路器操动机构主要有电动机构、气动机构、液压机构、弹簧储能机构和手动机构等。类似

于六氟化硫断路器,当高压真空断路器操动机构收到控制回路发出的分合闸指令时,也是由操动机构动作并释放能量,传动元件在操动机构的驱动下,带动触头间的接触或分离,从而实现断路器的分合闸。

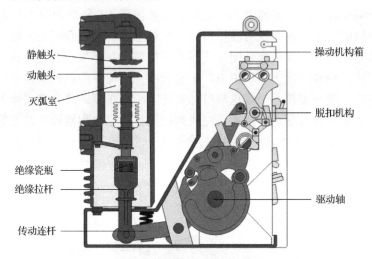

图 1-7 弹簧操动机构的高压真空断路器结构图

1.4.2 高压断路器的常见机械故障

1. 高压断路器机械特性试验

在实际工程中,判断高压断路器的机械状态是否正常,主要通过高压断路器机械特性试验来确定,高压断路器机械特性试验主要包括高压断路器低电压动作特性试验、动作时间测试试验及动作速度测试试验三项。

1)高压断路器低电压动作特性试验

将控制直流电源的输出电压调至较低值,短时间接通到高压断路器二次控制的分闸或合闸回路中,若高压断路器不动作,则继续逐渐提高直流电源的输出电压值,重复进行这样的操作直到断路器发生动作。记录发生动作时的电压值,这就是分、合闸最低动作电压。

对于得到的测试结果,合闸电磁铁的最低动作电压不应超过额定电压的80%,在额定电压的 80%到 110%的范围内能够可靠动作;分闸电磁铁的最低动作电压应在额定电压的 30%到 65%的范围内,在额定电压的 65%到 120%范围内能够可靠动作。当电压低至额定电压的 30%以下时,不应脱扣动作。

2)高压断路器动作时间测试试验

高压断路器动作时间测试试验可分为以下步骤。

（1）首先设置高压断路器机械特性测试仪上的可调直流电源的输出电压为断路器控制回路的额定操作电压，依靠高压断路器机械特性测试仪，使高压断路器在额定的操作电压及额定的机构压力下进行分、合闸操作，通过机械特性测试仪测得断路器每相的分、合闸时间。

（2）用各相的最大分闸时间减去最小分闸时间，得到分闸不同期；用各相的最大合闸时间减去最小合闸时间，得到合闸不同期。

（3）对于多断口断路器，还应同时分别测得单相的各个断口的分合、闸时间，然后计算出同相各断口的分、合闸不同期。

（4）若断路器装设了合闸电阻，那么合闸电阻的预先投入时间也应同时测量。

对于得到的测试结果，分、合闸动作时间、同期性及合闸电阻的预先投入时间都应该符合厂家的设计指标。

3）高压断路器动作速度测试试验

高压断路器动作速度测试试验可以和高压断路器动作时间测试试验一起进行。将速度传感器固定在合适的位置后，将高压断路器操动机构的速度测量运动部件和传感器的运动部分可靠连接。利用高压断路器机械特性测试仪进行分、合闸操作，然后记录下测试结果，也可以通过得到的时间-行程特性计算高压断路器的动作速度。对于得到的测试结果，应该符合厂家的设计指标。

采用高压断路器机械特性测试仪进行上述三种实验时，测试仪应尽量采用外接电源作为测试电源，防止内部电源的输出功率不足影响测试结果。高压断路器机械特性测试仪的输出直流电源严禁短路，防止烧坏设备。进行高压断路器低电压动作特性实验时，加在分、合闸线圈上的直流操作电压时间应注意不要过长，防止烧坏线圈。

2. 高压断路器机械故障的主要类型

据统计，我国国产高压断路器与国外进口高压断路器在质量上的主要差别是在操动机构上，实际工程中由操动机构事故造成的非计划停运占所有非计划停运总数的 63.2%，如果不考虑操动机构的差别，国产高压断路器与进口高压断路器的非计划停运率是十分相似的。高压断路器操动机构主要有弹簧操动机构、电磁操动机构、液压操动机构等。其中，弹簧操动机构常发生的故障类型有弹簧变形故障、铁芯卡涩故障、操动连杆变形故障和连接松动故障等；电磁操动机构常发生的故障有机械卡涩故障、托架和止钉位置不当故障、铁芯顶杆脱落或长度太长故障等；液压操动机构常见故障有液压阀杆故障、液压油压过低故障、液压管道堵塞故障及电磁铁行程过限故障等[83]。其中，拒动和误动故障是高压断路器最常见的机械故障，其在断路器机械系统上的具体表现为机械机构的卡涩，机构部件的损坏、变形或位移，触头分合卡涩和松动，脱扣元件失灵及轴销松断等[84]。

由于高压断路器的机械故障主要是操动机构的故障，故以弹簧操动结构的高压断路器为例，列出了其常见的机械故障[85]。

拒动故障如表 1-2 所示，误动故障如表 1-3 所示，弹簧储能异常故障如表 1-4 所示。

表 1-2　弹簧机构常见拒动故障[85]

故障现象			故障原因
拒合故障	合闸铁芯未启动	合闸线圈端子无电压	(1)二次回路接触不良，可能连接螺钉松动 (2)熔丝可能熔断 (3)辅助开关触点接触可能不良，或未进行切换 (4)六氟化硫气体低气压闭锁
		合闸线圈端子有电压	(1)合闸线圈可能断线或烧坏 (2)合闸线圈铁芯卡住 (3)二次回路连接松动，触点接触不良 (4)辅助开关可能未切换
	合闸铁芯已启动		(1)合闸线圈端子电压过低 (2)合闸铁芯运动受阻 (3)合闸铁芯撞杆变形，导致行程不足 (4)合闸挚子扣入深度过大 (5)扣合面硬度不够，变形，摩擦力大，"咬死"
拒分故障	分闸铁芯未启动	分闸线圈端子无电压	(1)二次回路接触不良，可能连接螺钉松动 (2)熔丝可能熔断 (3)辅助开关触点接触可能不良，或未进行切换 (4)六氟化硫气体低气压闭锁
		分闸线圈端子有电压	(1)合闸线圈可能断线或烧坏 (2)合闸线圈铁芯卡住 (3)二次回路连接松动，触点接触不良 (4)辅助开关可能未切换
	分闸铁芯已启动		(1)分闸线圈端子电压过低 (2)分闸铁芯空程太小，造成冲力不足或铁芯运动受阻 (3)分闸铁芯撞杆变形，导致行程不足 (4)分闸挚子扣入深度过浅，导致冲力不足

表 1-3　弹簧机构常见误动故障[85]

故障现象	故障原因
储能后自动合闸	(1)合闸挚子扣入深度太浅，或扣入面发生变形 (2)合闸挚子支架发生松动 (3)合闸挚子变形锁不住 (4)牵引杆超过"死点"距离大，对合闸挚子撞击力过大
无信号自动分闸	(1)二次回路存在混线，分闸回路存在两点接地 (2)分闸挚子扣入深度过浅，或扣入面变形，扣入不牢 (3)分闸电磁铁最低动作电压过低 (4)继电器触点误闭合

续表

故障现象	故障原因
合闸即分	(1)二次回路存在混线,合闸的同时分闸回路也有电 (2)分闸掣子扣入深度过浅,或扣入面变形,扣入不牢 (3)分闸掣子不受力时,复归间隙调得过大 (4)分闸掣子未及时复归

表 1-4　弹簧机构常见弹簧储能异常故障[85]

故障现象	故障原因
弹簧未储能	(1)电动机过电流时保护自动动作 (2)接触器回路故障或接触器触点接触不良 (3)电动机存在虚接或电动机损坏 (4)储能系统机械故障
弹簧储能不到位	限位开关位置不合适
弹簧储能过程中打滑	棘轮或大小棘爪出现损伤

断路器拒动故障是常见故障,而且出现次数较多,对任何类型的断路器而言都易出现拒动故障。断路器的拒动故障从字面意思上就可以看出,对于动作指令,拒绝执行,不能进行可靠动作。拒动故障包括拒分故障和拒合故障,大部分拒动故障为拒分故障。在系统运行过程中,当线路上出现故障需要断路器进行分闸操作,如果出现拒绝分闸,则继保会越级跳闸,使故障停电面积进一步扩大,甚至会解列整个系统,因而拒分故障造成的后果更为严重。造成高压断路器拒动的主要因素有电气因素和机械因素,操动机构及传动系统故障是导致机械故障发生的主要因素,而且故障发生率占整个机械故障的 70%左右。

当高压断路器检修不当以及机身磨损造成二次回路接触不良和操动机构零部件变形脱落时,断路器容易发生误动作。导致误动作是由二次回路故障或弹簧操动机构故障造成的,其中弹簧操动机构故障是导致误动故障的主要原因,时常发生在断路器的计划检修后。由于对弹簧尺寸把握不当,重装后导致弹簧不能维持动作,从而使断路器很容易出现自动分闸或自动合闸故障。

1.4.3　高压断路器机械故障诊断总体方案

高压断路器动作过程中产生的振动信号含有丰富的状态信息,其振动信号由一系列零部件产生的子振动事件组成,一旦某个零部件出现异常,将会在整体振动信号上有所体现。因此,采集高压断路器分、合闸产生的振动信号,并对该振动信号进行处理,将反映断路器机械状态的状态特征量提取出来,就可以获得断路器故障诊断结果。

通过振动传感器采集断路器动作期间产生的振动信号,进而采用基于振动分析的故障诊断方法来获取断路器状态情况,是一种非侵入式监测方法,不会影响设备本身的可靠性。因此，本书提出了基于振动信号分析的高压断路器机械故障诊断方案。该方案通过获取加速度传感器采集断路器的振动信号，并采用先进的信号处理方法对振动信号进行分解，以提取振动信号特征向量。然后，通过模式识别方法对断路器机械状态进行识别和分类。最终，实现机械状态诊断，防止故障扩大。高压断路器机械故障诊断的总体方案如图1-8所示。

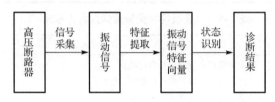

图1-8　高压断路器机械故障诊断总体方案

1.5　风电机组传动系统机械故障诊断方案设计

风电机组传动系统扮演着能量传递和转换的关键角色，其工作性能的好坏会直接影响风电机组的运行可靠性和风电场的经济效益。风电机组的类型多种多样，但总体上可以根据有无齿轮箱直驱型(无齿轮箱)和齿轮箱驱动型分类。本节以我国的主流风电机组机型——双馈式异步风电机组(有齿轮箱)为研究对象，主要介绍其传动系统的工作原理和基本结构，并在此基础上探究风机传动系统的常见故障类型，根据风电机组传动系统各机械部件运行过程中的机械振动特点，设计基于振动分析的风机传动系统故障诊断总体方案。

1.5.1　风电机组传动系统基本结构和原理

从旋转主轴的布置方向来看，风机类型主要包括水平轴式和垂直轴式两类。垂直轴式风机主要优点是它的发电机及齿轮箱均安装在离地面较近的位置，设备安装、维护和检修时无需爬升到几十米的高空，省时省力，简单方便，也无需偏航系统。但缺点也十分明显，一旦机组传动系统的某个部件如主轴承发生故障需要更换，就需要将整个风电机组进行拆卸才能完成更换。此外，由于这种风电机组的风轮位于离地面较近的地方，而地面的风速要远小于高空，所以该类型的风机捕获的风能相对于水平轴式风机是十分有限的。如今最为常见的装机容量较大的风力发电机组类型为水平轴式风电机组。其优点是可利用的风能资源丰富，风能转化电能的效率较高，但由于需要安装偏航系统，运营成本也相应大大增加，并且发电机和齿轮箱位于高空，设备安装、维护和检修过程相对繁琐，需要借助大型起吊设备，耗时耗力。水平轴式风力发电机组的基本结构包括叶片、风轮、传动系统、偏航系统、液压系统和制动系统等，其基本结构示意图如图1-9所示。

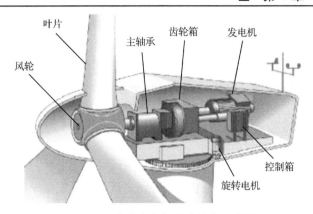

图 1-9 风力发电机组基本结构示意图

风电机组的风轮在风能的驱动作用下转动，并带动主轴旋转，通过齿轮箱增速后带动发电机的转子，实现风能—机械能—电能的转换。但是通常情况下，在风力的驱动作用下，风电机组风轮的转速很低（一般不超过 50rpm（转/分）），远低于发电机正常发电时的最低工作转速（通常为 1200～1500rpm），因而对于非直驱型风电机组需要将转速提升至发电机所要求的转速，齿轮箱正是为解决这个问题而设计的。齿轮箱属于风电机组传动系统的重要组成部分，可以将叶片的旋转机械能根据传动比提高转速后传递给发电机。为了能将风轮捕获的风能高效地传递到发电机并转化为电能，还需要传动系统中主轴、轴承、联轴器等部件的紧密配合，其结构较为复杂。传动系统的一侧通过低速轴与风轮相连接，由风机叶片的旋转机械能带动旋转，另一侧通过高速轴与发电机相连，在转速达到发电机的工作转速后带动发电机输出电能。传动系统的结构简图如图 1-10 所示。

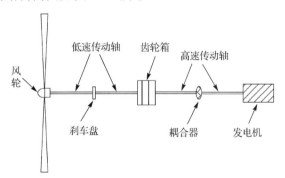

图 1-10 风电机组传动系统结构简图

1.5.2 风电机组传动系统常见机械故障

双馈型风电机组传动系统主要由主轴、齿轮箱和主轴承等机械部件组成。通过对国内外风电市场上已经进入试验和实际运营阶段的多种风力发电机机型的统计看出，风电机组传动系统中发生频率较高的故障类型主要包括齿轮箱行星级损伤、中高速级齿轮损伤、高速级轴承损伤、中高速轴轴承损伤、发电机轴承故障、定子前、后轴承损伤(直驱型)等[69]。在这些常见故障中，齿轮损伤和发电机轴承损伤发生频率较高，接下来将详细分析风机齿轮故障、轴承故障和轴系故障的具体类型及故障机理。

1. 齿轮故障

一般来说，在齿轮进入运行状态一段时间之后可能会出现一些故障，这些故障主要是由齿轮本身存在制造误差、齿轮安装过程中存在误差或维护方式不恰当、检修不及时造成的。并且，由于齿轮本身的材质、所处的工作环境和工作状态及安装过程存在差异，齿轮出现的故障类型也会不一样。齿轮发生频率较高的故障类型主要有齿轮疲劳与点蚀、齿面磨损和齿面断齿等，接下来对这些故障类型进行详细介绍。

1) 疲劳与点蚀

在齿轮的啮合过程中，齿轮的表面会形成一种切应力，在它的影响下齿轮表面会出现金属脱落现象，长时间会导致齿轮的损坏，根据金属剥落程度的不同可以分为麻点剥落、浅层剥落及硬化层剥落[69]。这种切应力首先会使齿轮的顶端出现形变进而形成裂纹。在齿轮的顶端开始出现裂纹时，如果负责检修工作的人员未在第一时间发现这些裂纹或维修效果不理想，久而久之这些裂纹便会逐步发展为更加严重的故障。麻点剥落就是齿轮裂纹故障加重的一种表现形式，是指在齿轮的表面产生斑点或片状的金属脱落。随着齿轮表面金属剥落面积的加大和剥落深度的增加，就会形成千层疲劳剥落；如果剥落程度在千层疲劳剥落的基础上继续加剧，即出现了大块的脱落，并且已经深入到齿轮硬化层的过渡区，就会形成最严重的剥落形式——硬化层疲劳剥落。在齿轮表面因为金属剥落而形成的凹坑，被称为齿面疲劳点蚀，简称点蚀。

2) 齿面磨损

在齿轮进入工作状态一段时间之后，齿轮之间存在不间断的啮合，久而久之会导致齿面出现一定程度的磨损。如果齿面出现的磨损不会对齿轮的正常工作状态造成影响，我们称这种磨损为正常磨损。但如果有颗粒物落到了齿轮的工作面，就可能导致齿轮发生轻微的形变，齿轮的轮廓也会发生一定改变。这就会导致在齿轮的啮合过程中发生振动甚至出现冲击现象，对齿轮的正常工作状态造成影响。如果这种现象非常严重，就会导致齿轮的厚度逐渐变薄，最终使齿轮折断。齿轮磨损的典型故障类型有磨粒磨损、腐蚀磨损及齿面冲击磨损。

3) 断齿

齿轮断齿故障的形成多是由偏载、过载及受到冲击等因素造成的。由于风速不稳定,轮齿所承受的工作载荷处于不断变化之中,由此产生的弯曲应力主要集中于齿轮的根部。当集中于齿根处的弯曲应力超过极限时,齿根处就开始出现裂纹并不断扩大,久而久之导致轮齿出现局部断裂,最终造成整个轮齿从根部折断。

2. 轴承故障

滚动轴承是风电机组等旋转机械最为关键的组成部分。统计结果表明,滚动轴承是风电机组传动系统中故障发生频率较高且产生影响较大的部位之一,一旦发生故障,不仅对自身造成影响,还会对齿轮箱的正常运转产生影响,经过较长的时间后就可能使故障蔓延到整个风机传动系统,从而引发机组长时间的停机[69]。滚动轴承的典型故障包括以下类型。

1)疲劳剥落

在交变的载荷作用影响下,滚动轴承的内、外圈和滚动体上会产生周期性的切应力。这种切应力会导致轴承的接触表面产生裂纹,进而使得轴承接触表面出现金属脱落现象,经过一段时间后便会演变为大大小小的凹坑,这种现象称为轴承疲劳剥落。在其接触表面出现疲劳剥落后会导致轴承的质量分布变得不均匀,从而使轴承总体变得不平衡,影响轴承正常运转。

2)磨损

在旋转设备的实际使用过程中,复杂的工作环境和交变的负载通常会给轴承带来难以避免的磨损,从而对整个设备的运行精度造成影响,同时缩短设备的使用寿命。滚动轴承在运行过程中,外圈与滚珠的相对滑动、由于密闭性不到位造成的杂物积累等问题会导致轴承发生磨损;润滑油分布不均匀或润滑油中含有杂质等问题,会导致滚动轴承的磨损程度变得更加严重。随着磨损程度的不断加剧,轴承的工作表面会越来越粗糙,从而引起机械设备的剧烈振动并产生较大的噪声,影响设备的运行精度。

3)断裂、保持架损坏

轴承断裂和保持架损坏会造成轴承失效,由于轴承与齿轮相互作用,相互影响,如果轴承失效,很可能会造成齿轮损坏。轴承的残余应力过大、制作过程存在缺陷、润滑油分布不均匀而导致润滑不良、受到严重的冲击及长期过载等因素均会导致轴承发生断裂[69]。

3. 轴系故障

在风电机组传动系统的故障中,轴系故障的发生频率也较高,常见的故障类型有不平衡故障、不对中故障以及轴弯曲故障等。这些故障形式主要是由于在制造过程中留有误差及材料分布不均等,导致设备的旋转中心与其质量中心之间形成一定的偏差。如果这个偏差较小,没有超过允许的范围,一般对旋转机械的正常运行状态不会造成较大影响；但如果这个偏差较大，超过了允许的范围，则会导致不平衡等轴系故障的发生。误差是难以避免的，但是为了不影响旋转机械的安全稳定运行，需对轴系的振动幅度进行实时监测，一旦振动幅度超过允许范围，则应立刻采取相应的措施将其控制在安全稳定运行的许可范围之内。

需要注意的是，当风电机组传动系统的轴承发生故障或轴系发生故障时，一般会对齿轮的正常啮合过程造成一定的影响，甚至会使齿轮发生故障。可以看出，风电机组传动系统的齿轮、轴承和轴系之间任何一个部件发生故障，都可能对其余部件造成影响，甚至引发其余部件发生故障。这是因为风电机组传统系统各部件存在相互作用，不同部件的故障相互影响。

1.5.3 风电机组传动系统机械故障诊断总体方案

风电机组传动系统各机械部件运行过程中产生的振动信号含有重要的状态信息，对该振动信号进行处理能够将反映传动系统机械状态是否正常的状态特征量提取出来，进而可以对风电机组传动系统的机械状态作出判断。本章提出一种基于振动信号分析的风电机组传动系统机械故障诊断的方案。

首先，针对风电机组传动系统振动信号的非平稳、瞬变性强的特点，通过现代信号处理技术对其振动信号进行时-频分解处理，得到一系列固有模态分量，并对包含主要故障信息的分量及原始振动信号分别提取时域、频域以及时-频域特征值，构建全面的初始特征集合；其次，考虑到提取大量的特征会造成特征集维数过高、特征间冗余性严重的问题，对构建的初始特征集合进行特征选择，确定最优特征子集。然后，使用经正常样本训练的支持向量数据描述分类器来判断风电机组传动系统各主要部件的机械状态是否正常，如果确定故障发生，则将该故障样本与其他已知故障类型的样本进行融合，并将融合后的样本集进行模糊 C 均值聚类。最后，根据聚类结果判断该故障样本是否属于已知故障类型，若是，则输出具体故障类型。

该方案通过采用先进的信号处理方法对传动系统机械部件的振动信号进行分解，以降低振动信号复杂度并提取特征向量，然后通过模式识别方法对风电机组传动系统的机械状态进行识别和分类。所提出的风电机组传动系统机械故障诊断总体方案如图 1-11 所示。

图 1-11 风电机组传动系统机械故障诊断总体方案

1.6 本章小结

本书针对高压断路器及风电机组振动信号采用信号处理和模式识别技术，提取振动信号特征并判别其状态类型，针对每种诊断方案设计了诊断实例研究，通过对高压断路器及风电机组在正常状态和几种典型故障状态情况下进行诊断分析，验证书中所提方法的有效性。

参 考 文 献

[1] 宋友文. 线路断路器失灵保护几个问题的探讨[J]. 电力系统保护与控制, 2008, 36（23）: 88-91.

[2] 宋昊, 崔景春, 袁大陆. 1999～2003年高压断路器运行分析[J]. 电力设备, 2005, 6(2): 6-13.

[3] Liu W Y, Tang B P, Han J G, et al. The structure healthy condition monitoring and fault diagnosis methods in wind turbines: A review[J]. Renewable & Sustainable Energy Reviews, 2015, 44: 466-472.

[4] 安学利, 赵明浩, 蒋东翔, 等. 基于支持向量机和多源信息的直驱风力发电机组故障诊断[J]. 电网技术, 2011, 35(4): 117-122.

[5] El-Naggar A, Erlich I. Fault current contribution analysis of doubly fed induction generator-based wind turbines[J]. IEEE Transactions on Energy Conversion, 2015, 30(3): 874-882.

[6] 郭鹏, 徐明, 白楠, 等. 基于SCADA运行数据的风电机组塔架振动建模与监测[J]. 中国电机工程学报, 2013, 33(5): 128-135.

[7] Badihi H, Zhang Y, Hong H. Wind turbine fault diagnosis and fault-tolerant torque load control against actuator faults[J]. IEEE Transactions on Control Systems Technology, 2015, 23(4): 1351-1372.

[8] Hu A, Yan X, Xiang L. A new wind turbine fault diagnosis method based on ensemble intrinsic time-scale decomposition and WPT-fractal dimension [J]. Renewable Energy, 2015, 83: 767-778.

[9] 姜兆宇, 贾庆山, 管晓宏. 多时空尺度的风力发电预测方法综述[J]. 自动化学报, 2019, 45(1): 51-71.

[10] 肖运启, 王昆朋, 贺贯举, 等. 基于趋势预测的大型风电机组运行状态模糊综合评价[J]. 中国电机工程学报, 2014, 34(13): 2132-2139.

[11] Hang J, Zhang J, Cheng M. Application of multi-class fuzzy support vector machine classifier for fault diagnosis of wind turbine[J].Fuzzy Sets and Systems, 2016, 297（C）: 128-140.

[12] 杭俊, 张建忠, 程明, 等. 直驱永磁同步风电机组叶轮不平衡和绕组不对称的故障诊断[J]. 中国电机工程学报, 2014, 34(9): 1384-1391.

[13] 赵洪山, 胡庆春, 李志为. 基于统计过程控制的风机齿轮箱故障预测[J]. 电力系统保护与控制, 2012(13): 67-73.

[14] 龙霞飞, 杨苹, 郭红霞, 等. 大型风力发电机组故障诊断方法综述[J]. 电网技术, 2017, 41(11): 3480-3491.

[15] 李辉, 杨东, 杨超, 等. 基于定子电流特征分析的双馈风电机组叶轮不平衡故障诊断[J]. 电力系统自动化, 2015(13): 32-37.

[16] 王昌长. 电力设备的在线监测与故障诊断[M]. 北京: 清华大学出版社, 2006: 9-11.

[17] 李刚, 王晓峰, 周水斌, 等. 一种智能变电站断路器状态监测方案[J]. 电力系统保护与控制, 2010, 38(14): 140-143.

[18] 关永刚, 杨元威, 钟建英, 等. 高压断路器机械故障诊断方法综述[J]. 高压电器, 2018, 54(7): 10-19.

[19] 杜彦明, 顾霓鸿. 国内配电开关设备现状及事故情况[J]. 电网技术, 2002, 26(2): 70-76.

[20] 苑舜. 高压开关设备状态监测与诊断技术[M]. 北京: 机械工业出版社, 2001.

[21] 董越. SF6 高压断路器在线监测及振动信号的分析[D]. 上海: 上海交通大学, 2008.

[22] 方可行. 断路器故障与监测[M]. 北京: 中国电力出版社, 2003.

[23] 孟庆鹏. 基于振动信号分析的高压断路器机械状态检测的研究[D]. 西安: 西安交通大学, 2006.

[24] Crabtree C J, Feng Y, Tavner P J. Detecting incipient wind turbine gearbox failure: A signal analysis method for online condition monitoring[C]// Proceedings, European Wind Energy Conference, Warsaw, 2010, 2023: 154156.

[25] 郑小霞, 叶聪杰, 周荣成, 等. 基于改进 DEMD 和 ICA 的海上风机传动系统早期故障诊断[J]. 电机与控制学报, 2017, 21(11): 83-96.

[26] 张来斌, 崔厚玺, 王朝晖, 等. 基于信息熵神经网络的风力发电机故障诊断方法研究[J]. 机械强度, 2009, 31(1): 132-135.

[27] 郭东杰, 王灵梅, 郭红龙, 等. 改进小波结合 BP 网络的风力发电机故障诊断[J]. 电力系统及其自动化学报, 2012, 24(2): 53-58.

[28] 申戬林, 王灵梅, 郭东杰, 等. 基于改进小波包与包络谱的风电机组传动系统的故障诊断方法研究[J]. 太阳能学报, 2014, 35(9): 1771-1777.

[29] 金晓航, 孙毅, 单继宏, 等. 风力发电机组故障诊断与预测技术研究综述[J]. 仪器仪表学报, 2017, 38(5): 1041-1053.

[30] 赵洪山, 李浪. 基于 MCKD-EMD 的风电机组轴承早期故障诊断方法[J]. 电力自动化设备, 2017, 37(2): 29-36.

[31] 苏璐玮. 基于模糊识别的风电双馈异步电机故障诊断方法的研究[D]. 北京: 华北电力大学, 2015.

[32] 左洪福, 蔡景, 王华伟, 等. 维修决策理论与方法[M]. 北京: 航空工业出版社, 2008: 41-50.

[33] 陈怀金. 基于振动分析的高压断路器机械故障诊断研究[D]. 吉林: 东北电力大学, 2017.

[34] 赵洪山, 张路朋. 基于可靠度的风电机组预防性机会维修策略[J]. 中国电机工程学报, 2014, 34(22): 3777-3783.

[35] Widodo A, Kim E Y, Son J D, et al. Fault diagnosis of low speed bearing based on relevance vector machine and support vector machine[J]. Expert Systems with Applications, 2009, 6(3): 7252-7261.

[36] Yoon J, He D, Hecke B V. On the use of a single piezoelectric strain sensor for wind turbine planetary gearbox fault diagnosis[J]. IEEE Transactions on Industrial Electronics, 2015, 62(10): 6585-6593.

[37] 张少敏, 毛冬, 王保义. 大数据处理技术在风电机组齿轮箱故障诊断与预警中的应用[J]. 电力系统自动化, 2016(14): 129-134.

[38] Qiao W, Lu D. A survey on wind turbine condition monitoring and fault diagnosis—Part Ⅱ: Signals and signal processing methods[J]. IEEE Transactions on Industrial Electronics, 2015, 62(10): 6546-6557.

[39] 傅质馨, 袁越. 海上风电机组状态监控技术研究现状与展望[J]. 电力系统自动化, 2012, 36(21): 121-129.

[40] 赵洪山, 张健平, 高夺, 等. 风电机组的状态–机会维修策略[J]. 中国电机工程学报, 2015, 35(15): 3851-3858.

[41] 张猛. 风电机组状态监测及其可视化[D]. 保定: 华北电力大学(保定), 2012.

[42] 郭鹏, Infield D, 杨锡运. 风电机组齿轮箱温度趋势状态监测及分析方法[J]. 中国电机工程学报, 2011, 31(32): 129-136.

[43] Switchgear Committee of the IEEE Power Engineering Society. IEEE Std C37.10.12000: IEEE Guide for the Selection of Monitoring for Circuit Breakers [S]. New York: The Institute of Electrical and Electronics Engineers, 2001.

[44] 张裕生. 高压开关设备检测和试验[M]. 北京: 中国电力出版社, 2004.

[45] 梅飞, 梅军, 郑建勇, 等. 粒子群优化的KFCM及SVM诊断模型在断路器故障诊断中的应用[J]. 中国电机工程学报, 2013, 33(36): 134-141.

[46] Ni J, Zhang C, Yang S X. An adaptive approach based on KPCA and SVM for real time fault diagnosis of HVCBs [J]. IEEE Transactions on Power Delivery, 2011, 26(3): 1960-1971.

[47] Biswas S S, Srivastava A K, Whitehead D. A real time data driven algorithm for health diagnosis and prognosis of a circuit breaker trip assembly [J]. IEEE Transactions on Industrial Electronics, 2014, 62(6): 3822-3831.

[48] Kezunovic M, Ren Z, Latisko G, et al. Automated monitoring and analysis of circuit breaker operation [J]. IEEE Transactions on Power Delivery, 2005, 20(3): 1910-1918.

[49] 荣亚君, 葛葆华, 赵杰, 等. 用粗糙集理论和贝叶斯网络诊断 SF6 断路器故障[J]. 高电压技术, 2009, 35(12): 2995-2999.

[50] Runde M, Ottesen G E, Skyberg B, et al. Vibration analysis for diagnostic testing of circuit breakers [J]. IEEE Transactions on Power Delivery, 1996, 11(4): 1816-1823.

[51] Stokes A D, Timbs L. Diagnostics of Circuit Breakers [C]// International Conference on Large High Voltage Electric System, New York: CIGRE, 1988, 13(3): 1-7.

[52] Polycarpou A A, Soom A, Swarnakar V, et al. Event timing and shape analysis of vibration bursts from power circuit breakers [J]. IEEE Transactions on Power Delivery, 1996, 11(2): 848-857.

[53] Lai M L, Park S Y, Lin C C, et al. Mechanical failure detection of circuit breakers [J]. IEEE Transactions on Power Delivery, 1988, 3(4): 1724-1731.

[54] 王振浩, 杜凌艳, 李国庆, 等. 动态时间规整算法诊断高压断路器故障[J]. 高电压技术, 2006, 32(10): 36-38.

[55] Meng Y, Jia S, Shi Z, et al. The detection of the closing moments of a vacuum circuit breaker by vibration analysis [J]. IEEE Transactions on Power Delivery, 2006, 21(2): 652-658.

[56] 马强, 荣命哲, 贾申利. 基于振动信号小波包提取和短时能量分析的高压断路器合闸同期性的研究[J]. 中国电机工程学报, 2005, 25(13): 149-154.

[57] 胡晓光, 戴景民, 纪延超, 等. 基于小波奇异性检测的高压断路器故障诊断[J]. 中国电机工程学报, 2001, 21(5): 67-70.

[58] 孙来军, 胡晓光, 纪延超. 一种基于振动信号的高压断路器故障诊断新方法[J]. 中国电机工程学报, 2006, 26(6): 157-161.

[59] 孙来军, 胡晓光, 纪延超. 改进的小波包特征熵在高压断路器故障诊断中的应用[J]. 中国电机工程学报, 2007, 27(12): 103-108.

[60] 徐建源, 张彬, 林莘, 等. 能谱熵向量法及粒子群优化的 RBF 神经网络在高压断路器机械故障诊断中的应用[J]. 高电压技术, 2012, 38(6): 1299-1306.

[61] Peng Z K, Jackson M R, Rongong J A, et al. On the energy leakage of discrete wavelet transform [J]. Mechanical Systems & Signal Processing, 2009, 23(2): 330-343.

[62] Huang J, Hu X, Yang F. Support vector machine with genetic algorithm for machinery fault diagnosis of high voltage circuit breaker [J]. Measurement, 2011, 44(6): 1018-1027.

[63] 黄建, 胡晓光, 巩玉楠. 基于经验模态分解的高压断路器机械故障诊断方法[J]. 中国电机工程学报, 2011, 31(12): 108-113.

[64] 陈伟根, 邓帮飞, 杨彬. 基于振动信号经验模态分解及能量熵的高压断路器故障识别[J]. 高压电器, 2009, 45(2): 90-93.

[65] Huang J, Hu X, Geng X. An intelligent fault diagnosis method of high voltage circuit breaker based on improved EMD energy entropy and multiclass support vector machine [J]. Electric Power Systems Research, 2011, 81（2）: 400-407.

[66] 孙一航, 武建文, 廉世军, 等. 结合经验模态分解能量总量法的断路器振动信号特征向量提取[J]. 电工技术学报, 2014, 29（3）: 228-236.

[62] 缪希仁, 吴晓梅, 石敦义, 等. 采用 HHT 振动分析的低压断路器合闸同期辨识[J]. 电工技术学报, 2014, 29（11）: 154-161.

[68] 郭谋发, 徐丽兰, 缪希仁, 等. 采用时频矩阵奇异值分解的配电开关振动信号特征量提取方法[J]. 中国电机工程学报, 2014, 34（28）: 4990-4997.

[69] 武英杰. 基于变分模态分解的风电机组传动系统故障诊断研究[D]. 北京: 华北电力大学, 2016.

[70] 苗风麟, 施洪生, 张小青. 风电机组耦合振动特性分析[J]. 中国电机工程学报, 2016, 36（1）: 187-195.

[71] Azevedo H D M D, Araújo A M, Bouchonneau N. A Review of Wind Turbine Bearing Condition Monitoring: State of the Art and Challenges[J]. Renewable & Sustainable Energy Reviews, 2016, 56: 368-379.

[72] 汤宝平, 罗雷, 邓蕾, 等. 风电机组传动系统振动监测研究进展[J]. 振动、测试与诊断, 2017, 37（3）: 417-425.

[73] 罗毅, 甄立敬. 基于小波包与倒频谱分析的风电机组齿轮箱齿轮裂纹诊断方法[J]. 振动与冲击, 2015, 34（3）: 210-214.

[74] Liu C, Wang G, Xie Q, et al. Vibration sensor-based bearing fault diagnosis using ellipsoid-ARTMAP and differential evolution algorithms[J]. Sensors, 2014, 14（6）: 10598-10618.

[75] Amar M, Gondal I, Wilson C. Vibration spectrum imaging: A novel bearing fault classification approach[J]. IEEE Transactions on Industrial Electronics, 2014, 62（1）: 494-502.

[76] Feng Z, Qin S, Liang M. Time–frequency analysis based on vold-Kalman filter and higher order energy separation for fault diagnosis of wind turbine planetary gearbox under nonstationary conditions[J]. Renewable Energy, 2016, 85: 45-56.

[77] Mohanty A R, Kar C. Fault detection in a multistage gearbox by demodulation of motor current waveform[J]. IEEE Transactions on Industrial Electronics, 2006, 53（4）: 1285-1297.

[78] 孙鹏, 李剑, 寇晓适, 等. 采用预测模型与模糊理论的风电机组状态参数异常辨识方法[J]. 电力自动化设备, 2017, 37（8）: 90-98.

[79] 罗忠辉, 薛晓宁, 王筱珍, 等. 小波变换及经验模式分解方法在电机轴承早期故障诊断中的应用[J]. 中国电机工程学报, 2005, 25（14）: 125-129.

[80] 李辉, 郑海起, 杨绍普. 基于 EMD 和 Teager 能量算子的轴承故障诊断研究[J]. 振动与冲击, 2008, 27（10）: 15-17.

[81] 黄南天, 方立华, 王玉强, 等. 基于局域均值分解和支持向量数据描述的高压断路器机械状态监测[J]. 电工电能新技术, 2017, 36(1): 73-80.

[82] 李建鹏. 基于振声联合分析的高压断路器机械故障诊断研究[D]. 保定: 华北电力大学, 2012.

[83] 张佩. 高压断路器机械故障诊断方法的研究[D]. 保定: 华北电力大学(保定), 2014.

[84] 李琦. 高压断路器机械特性在线监测研究[D]. 北京: 华北电力大学(保定), 2011.

[85] 王树声. 国家电网公司生产技能人员职业能力培训专用教材: 变电检修(下)[M]. 北京: 中国电力出版社, 2010.

高压断路器篇
关键部件机械故障诊断

第2章　基于单类分类器的高压断路器机械故障诊断

2.1　基于 S 变换的高压断路器振动信号处理及特征提取

2.1.1　S 变换

加拿大的地球物理学家 Stockwell 于 1996 年提出了 S 变换方法，早期用于地震波的分析[1]。由于其具有良好的时频特性，在很多工程领域得到了广泛应用，在电气工程方面，经常被用来处理电力系统暂态信号、进行故障选线和分析局部放电信号等[2-4]。作为短时傅里叶变换和连续小波变换的结合与发展，其定义如下。

设输入信号为 $h(t)$，经过 S 变换后为 $S(\tau, f)$，则有

$$S(\tau, f) = \int_{-\infty}^{\infty} h(t) w(\tau - t, f) e^{-i2\pi ft} dt \tag{2-1}$$

$$w(t, f) = \frac{|f|}{\sqrt{2\pi}} e^{-t^2 f^2 / 2} \tag{2-2}$$

式中，$w(t, f)$ 为高斯窗函数，$\sigma(f) = 1/|f|$ 称为窗宽；τ 为时间控制窗口函数在时间轴上的位置；f 为频率；t 为时间。

S 变换的逆变换可以通过求傅里叶变换的反变换来实现：

$$h(t) = \int_{-\infty}^{+\infty} \left\{ \int_{-\infty}^{+\infty} S(\tau, f) d\tau \right\} e^{i2\pi ft} df \tag{2-3}$$

由信号 $h(t)$ 的 S 变换和其逆变换的表达式可以得到其频谱表达式：

$$H(f) = \int_{-\infty}^{+\infty} S(\tau, f) d\tau = \int_{-\infty}^{+\infty} h(t) e^{-i2\pi ft} dt \tag{2-4}$$

信号 $h(t)$ 的 S 变换结果可以用信号的 Fourier 变换来表示，即

$$S(\tau, f) = \int_{-\infty}^{+\infty} H(\beta + f) e^{-2\pi^2 \beta^2 / f^2} e^{i2\pi\beta\tau} d\beta, \quad f \neq 0 \tag{2-5}$$

式中，$H(f)$ 为信号 $h(t)$ 的频谱；β 为频率，控制高斯窗在频率轴上移动。

由上式可以看出，对离散信号而言，设对接收到的信号 $h(t)$ 以采样时间间隔 T 采样，采样点数为 N，则离散信号表示为 $h[kT]$，$k = 0, 1, 2, \cdots, N-1$。那么离散傅里叶变换形式可以由式(2-6)给出。

$$H[kT] = \frac{1}{N}\sum_{k=0}^{N-1} h[kT]\mathrm{e}^{-\mathrm{i}2\pi nk/N}, \quad n = 0,1,2,\cdots,N-1 \tag{2-6}$$

通过式(2-5)，令 $f \to n/NT$，$\tau \to jT$，并将频率采样点数 n 扩展为 $m+n$，则 S 变换的离散形式为

$$\begin{cases} S\left[jT, \dfrac{n}{NT}\right] = \displaystyle\sum_{m=0}^{N-1} H\left[\dfrac{m+n}{NT}\right]\mathrm{e}^{-2\pi^2 m^2/n^2}\,\mathrm{e}^{\mathrm{i}2\pi mj/N}, & n \neq 0 \\[3mm] S[jT,0] = \dfrac{1}{N}\displaystyle\sum_{m=0}^{N-1} h\left(\dfrac{m}{NT}\right), & n = 0 \end{cases} \tag{2-7}$$

S 变换具有可变的时−频精度，其频率分辨率与抗噪性能优于小波变换[5]。S 变换结果为一个二维复矩阵，称 S 变换矩阵，对其求模后得到 S 变换模矩阵，列向量反映某时刻信号的幅频特性，行向量描述信号在特定频率下的时域分布。S 变换能够全面描述振动信号在时域与频域的能量分布情况，便于特征提取。

2.1.2　基于 S 变换的高压断路器振动信号处理

取从收到分闸指令时刻开始 150ms 的振动信号数据进行 S 变换处理，得到正常信号、铁芯卡涩、基座螺丝松动和机械润滑不足 4 种情况的振动信号和它们的 S 变换模矩阵。不同类型振动信号波形图及其 S 变换模矩阵等高线图如图 2-1 和图 2-2 所示。

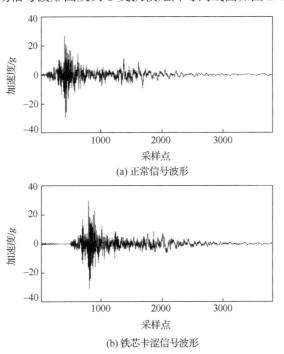

(a) 正常信号波形

(b) 铁芯卡涩信号波形

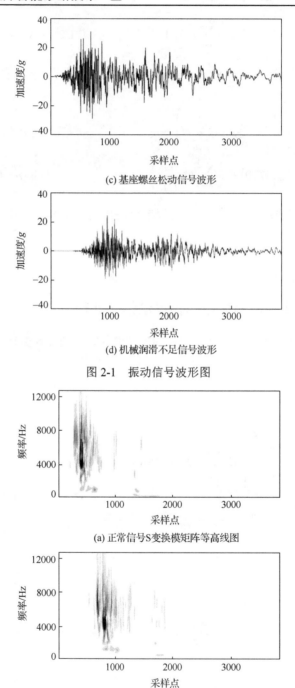

(c) 基座螺丝松动信号波形

(d) 机械润滑不足信号波形

图 2-1 振动信号波形图

(a) 正常信号S变换模矩阵等高线图

(b) 铁芯卡涩信号S变换模矩阵等高线图

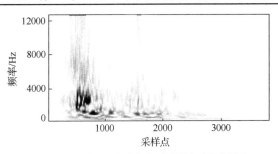

(c) 基座螺丝松动信号S变换模矩阵等高线图

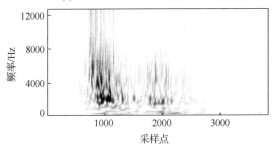

(d) 机械润滑不足信号S变换模矩阵等高线图

图 2-2 振动信号 S 变换模矩阵等高线图

通过图 2-1 和图 2-2 可以发现，不同类型振动信号的时-频能量分布具有明显区别。和正常信号相比，铁芯卡涩信号的能量分布存在明显的时间延迟；基座螺丝松动信号能量分布的频率范围相较正常信号更低，在低频部分有较强的能量分布；机械润滑不足信号的能量随时间的分布更加松散。这些信息能够通过合理的特征提取方法转化成有效的特征，供分类器进行故障识别。

2.1.3 基于 S 变换时-频熵的高压断路器机械故障诊断特征提取

通过 S 变换得到高压断路器振动信号的能量时-频分布后，需要进一步提取特征才能完成后续的故障诊断工作。采用类似小波时-频熵特征提取方法，将香农信息熵理论引入到 S 变换模矩阵能量分布分析中，计算 S 变换时-频熵作为高压断路器机械故障诊断的输入特征向量。

香农信息熵是信息论的重要组成部分，描述了系统的混乱程度。系统越有序，相应的熵值越小；反之，系统越混乱，相应的熵值越大。香农熵 H 定义为

$$H = -\sum_{i=1}^{N} p_i \log_2 p_i \tag{2-8}$$

式中，p_i 为随机事件 $Y = y_i$ 的概率，并且 $\sum_{i=1}^{N} p_i = 1$。当 $p_i = 0$ 时，约定 $p_i \log_2 p_i = 0$。

小波熵作为小波分析和香农熵结合的产物，是一种分析非平稳信号暂态特性的有力工具，不但保留了小波分析的时频局部化特性，同时也体现了香农信息熵的信息表征能力。不同类型的信号在小波相空间的分布是不同的，根据不同的原理和处理方法，定义了多种小波熵，如小波能量熵、小波时间熵、小波奇异熵和小波时-频熵等。由于小波能量熵和小波时间熵只反映了信号在时域的信息特性，未能体现其在频域的信息特性，对于机械润滑不足等与频率有关的故障，此两种方法显得无能为力。小波奇异熵能够将相关的小波空间映射到独立的线性空间，表现了信号在时域和频域能量分布的不确定性。小波奇异熵对信号瞬变性很敏感，由于断路器振动信号在每一时刻都有很强的瞬变性，同一类型信号的小波奇异熵结果可能表现出较大的差异，所以不适合本研究的振动信号特征提取。

小波时-频熵包含了两个向量，第一个向量遍历整个时间空间，表现了信号在时域的特性；第二个向量遍历整个频率空间，表现了信号在频域的特性。因此，小波时-频熵经常应用于故障诊断和检测领域。小波时-频熵的定义如下：设 $D_j(k)$ 为离散小波，$E(k)=\left|D_j(k)\right|^2$ 表示在尺度 j 时刻 k 时的小波能量，则小波时-频熵表示为

$$W_{\mathrm{TFE}} = [W_{\mathrm{TFE}_t}, W_{\mathrm{TFE}_f}] \tag{2-9}$$

式中

$$\begin{cases} W_{\mathrm{TFE}_t} = -\sum_{j=1}^{m} P_t \ln P_t \\ W_{\mathrm{TFE}_f} = -\sum_{k=1}^{n} P_f \ln P_f \end{cases} \tag{2-10}$$

式中，概率 P_t 和 P_f 定义为

$$\begin{cases} P_f = E_j(k) \Big/ \sum_{k=1}^{n} E_j(k) \\ P_t = E_j(k) \Big/ \sum_{j=1}^{m} E_j(k) \end{cases} \tag{2-11}$$

类似地，小波奇异熵定位如下。设 D 是由 $D_j(k)$ 构成的 $m\times n$ 维矩阵。根据奇异值分解理论，对于任意 $m\times n$ 矩阵，存在一个 $m\times r$ 维矩阵 U、一个 $r\times n$ 维矩阵 V 和 $r\times r$ 维对角矩阵 Λ，使

$$D = U\Lambda V^{\mathrm{T}} \tag{2-12}$$

式中，Λ 的对角元素 λ_l，$l=1,2,\cdots,r$ 为非负，并且降序排列，即 $\lambda_1 \geqslant \lambda_2 \geqslant \cdots \geqslant \lambda_r \geqslant 0$。小波奇异熵定义为

$$W_{\mathrm{SE}} = -\sum_{l=1}^{r} p_l \ln p_l \tag{2-13}$$

式中，与 λ_l 相关的概率 p_l 定义为

$$p_l = \lambda_l / \sum_{l=1}^{r} \lambda_l \tag{2-14}$$

选取 0～10kHz、0～150ms 的时–频平面作为研究对象，将其划分为 30×10 个频宽为 1kHz、时宽为 5ms 的等大小时–频块，如图 2-3 所示。

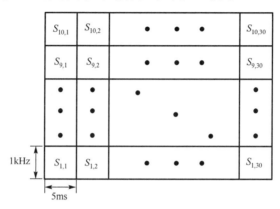

图 2-3　时–频平面的分割

采取与小波时–频熵类似的办法，通过 S 变换时–频熵描述断路器机械振动信号能量的时–频分布特征。对于每个频带，该频带中时–频块能量相对于时间的信息熵公式为

$$H_i = -\sum_{j=1}^{30} \hat{E}_{ij} \cdot \lg \hat{E}_{ij}, \quad i = 1, \cdots, 10 \tag{2-15}$$

式中，$\hat{E}_{ij}$ 为时–频块 S_{ij} 的归一化能量；H_i 反映第 i 个频带上的能量随时间分布的均匀程度。

此外，由实验发现振动信号能量集中在收到触发信号后的前 50ms 内。因此，为了提高延时类故障的识别能力，计算前 10 个时宽对应的时–频块相对于频率的信息熵，其公式为

$$L_j = -\sum_{i=1}^{10} \hat{E}_{ij} \cdot \lg \hat{E}_{ij}, \quad j = 1, \cdots, 10 \tag{2-16}$$

由以上 20 个时–频熵构成信号的 S 变换时–频熵向量 Z 为高压断路器故障诊断的特征向量。其中，$Z = [H, L]$，$H = [H_1, \cdots, H_{10}]$，$L = [L_1, \cdots, L_{10}]$。

通过上述的 ST 和时–频熵方法，获得正常状态信号和铁芯卡涩、基座螺丝松动和机械润滑不足 3 种故障类型实测信号的特征向量，每种类型列出 3 组典型数据，如表 2-1 所示，其分布情况如图 2-4 所示。从图 2-4 可以看出，同种类型的样本的

特征分布比较接近，而不同类型的样本的特征分布有一定差异，因而可以进一步通过分类器对样本进行识别。

表 2-1 实测振动信号特征值

特征序号	正常信号			铁芯卡涩			螺丝松动			润滑不足		
1	0.09	0.09	0.1	0.07	0.07	0.07	0.52	0.46	0.52	0.18	0.18	0.14
2	0.09	0.08	0.09	0.08	0.08	0.08	0.41	0.36	0.39	0.34	0.36	0.33
3	0.11	0.08	0.1	0.09	0.09	0.1	0.36	0.37	0.36	0.35	0.38	0.36
4	0.21	0.16	0.18	0.18	0.18	0.18	0.18	0.2	0.21	0.25	0.23	0.25
5	0.26	0.22	0.25	0.25	0.25	0.25	0.08	0.08	0.08	0.26	0.21	0.24
6	0.25	0.25	0.23	0.27	0.26	0.26	0.07	0.08	0.1	0.2	0.19	0.2
7	0.24	0.27	0.22	0.24	0.24	0.26	0.06	0.08	0.07	0.14	0.14	0.16
8	0.17	0.21	0.19	0.17	0.18	0.2	0.05	0.06	0.06	0.09	0.09	0.1
9	0.1	0.13	0.13	0.1	0.11	0.12	0.03	0.04	0.04	0.06	0.06	0.07
10	0.06	0.06	0.07	0.06	0.06	0.07	0.02	0.02	0.03	0.05	0.05	0.05
11	0	0	0.01	0	0	0	0	0	0.01	0	0	0
12	0.04	0.04	0.04	0	0	0	0.01	0.01	0.01	0	0	0
13	0.17	0.22	0.23	0	0	0	0.04	0.05	0.05	0	0	0
14	0.58	0.62	0.64	0	0	0	0.12	0.21	0.13	0	0	0
15	0.28	0.23	0.19	0.04	0.04	0.05	0.33	0.34	0.35	0.02	0.02	0.01
16	0.09	0.09	0.1	0.23	0.24	0.28	0.27	0.28	0.26	0.13	0.11	0.12
17	0.06	0.06	0.03	0.63	0.61	0.57	0.18	0.15	0.15	0.28	0.31	0.31
18	0.04	0.04	0.05	0.2	0.19	0.22	0.11	0.08	0.1	0.33	0.33	0.32
19	0.04	0.03	0.04	0.09	0.08	0.1	0.07	0.08	0.08	0.28	0.27	0.29
20	0.03	0.04	0.03	0.09	0.04	0.08	0.05	0.04	0.04	0.12	0.14	0.15

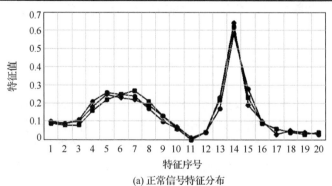

(a) 正常信号特征分布

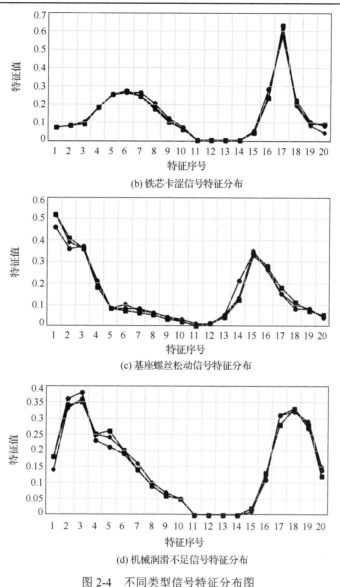

(b) 铁芯卡涩信号特征分布

(c) 基座螺丝松动信号特征分布

(d) 机械润滑不足信号特征分布

图 2-4 不同类型信号特征分布图

2.2 基于经验小波变换的高压断路器振动信号处理及特征提取

2.2.1 经验小波变换

为了克服经验模态分解(empirical mode decomposition,EMD)在理论上的缺失,Gilles 在 2013 年提出了一种新的自适应信号处理方法——经验小波变换(empirical wavelet transform，EWT)[6]。作为首个出现的自适应信号处理方法，EMD 在过去的十几年间得到了非常广泛的关注和应用，但其面对的一个较大问题就是数学理论上的缺失。EMD 计算过程大致可以分为三步：①找出原始时间序列的所有局部极值点，然后用三次样条插值的方法分别获得极大值点和极小值点的包络，并计算它们的平均值；②用原始时间序列减去极大值点与极小值点包络的平均值，查看减后剩下的分量是否满足固有模态函数的性质。如不满足则用减后余下的分量重复上一步的计算，直到减后得到的分量满足固有模态函数的性质；③用原始时间序列减去第一个固有模态函数，将减后剩下的值作为一个新的"原始时间序列"，重复前两部的计算，依次得到第 2 个、第 3 个直到第 n 个固有模态函数，最后剩下原始时间序列的余项。上述过程的停止准则在理论上有两条：①当最后一个固有模态函数或余项变得比预期小；②当余项变成单调函数，不能从中再筛选出固有模态函数。但实际应用 EMD 时，通常是通过限制两次连续计算的结果之间的标准差的大小来停止 EMD 的计算。从上面的介绍可以看出，EMD 的计算过程实际上是一个算法逼近的过程，由于其非线性的性质，对其建模是十分困难的。而 EWT 的出现，给我们带来了一种理论完备的自适应信号处理算法。其思想是首先假设分解出来的模态都是一个调幅–调频(amplitude modulated-frequency modulated，AM-FM)分量，由于这些 AM-FM 分量都具备紧支撑傅里叶谱，所以分离这些不同的模态就等价于对傅里叶谱进行分割。对于分割后的傅里叶谱中的每个支撑，构造正交小波滤波器组，提取相应的模态。

　　EWT 的计算结果与 EMD 相同，都是将原始振动信号 $f(t)$ 分解成 $n+1$ 个固有模态函数 $f_k(t)$ 之和（但两种方法对同一信号进行处理得到的 n 的值并不相同），如式 (2-17)所示：

$$f(t) = \sum_{i=0}^{n} f_k(t) \tag{2-17}$$

式中，每个固有模态函数 $f_k(t)$ 都是 1 个 AM-FM 分量，如式 (2-18)所示：

$$f_k(t) = F_k(t)\cos[\varphi_k(t)] \tag{2-18}$$

式中，$F_k(t) > 0$，且 $F_k(t)$ 和 $\varphi_k'(t)$ 的变化速度远远慢于 $\varphi_k(t)$。

　　首先，EWT 对原始振动信号的傅里叶谱进行自适应分割。假定傅里叶支撑 $[0, \pi]$ 被分为 N 个连续的部分 $\Lambda_n = [\omega_{n-1}, \omega_n]$，其中 ω_n 表示不同部分之间的边界。如图 2-5 所示，有 $\bigcup_{n=1}^{N} \Lambda_n = [0, \pi]$。以每个 ω_n 为中心，定义一个宽度为 $2\tau_n$ 的过渡段，即图 2-5 中的阴影部分。

　　N 的取值通过如下方法确定。首先需要检测原始信号傅里叶谱中极大值点，将 M 个极大值点的幅值记做 $\{M_i\}_{k=1}^{M}$，递减排列为 $M_1 \geqslant M_2 \geqslant \cdots \geqslant M_M$，然后归一化到 $[0,1]$。定义 $M_M + \alpha(M_1 - M_M)$ 为阈值，N 的值为超过该阈值的极大值点的个数。其

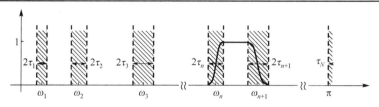

图 2-5　傅里叶轴的分割

中 α 为相对振幅比，取值范围为 $(0,1)$，实际情况中宜定在 $0.3 \sim 0.4$。

在每个分割区间 Λ_n 中，经验小波被定义为该区间上的带通滤波器。Gilles 同时借鉴了 Littlewood-Paley 小波和 Meyer 小波的构造方法，定义了经验尺度函数 $\hat{\phi}_n(\omega)$ 和经验小波函数 $\hat{\psi}_n(\omega)$，如式 (2-19) 和 (2-20) 所示：

$$\hat{\phi}_n(\omega) = \begin{cases} 1, & |\omega| \leq (1-\gamma)\omega_n \\ \cos\left(\dfrac{\pi}{2}\beta\left\{\dfrac{1}{2\gamma\omega_n}\left[|\omega| - (1-\gamma)\omega_n\right]\right\}\right), & (1-\gamma)\omega_n \leq |\omega| \leq (1+\gamma)\omega_n \\ 0, & \text{其他} \end{cases} \tag{2-19}$$

$$\hat{\psi}_n(\omega) = \begin{cases} 1, & (1+\gamma)\omega_n \leq |\omega| \leq (1-\gamma)\omega_{n+1} \\ \cos\left(\dfrac{\pi}{2}\beta\left\{\dfrac{1}{2\gamma\omega_{n+1}}\left[|\omega| - (1-\gamma)\omega_{n+1}\right]\right\}\right), & (1-\gamma)\omega_{n+1} \leq |\omega| \leq (1+\gamma)\omega_{n+1} \\ 0, & \text{其他} \end{cases} \tag{2-20}$$

式中

$$\tau_n = \gamma\omega_n \tag{2-21}$$

$$\beta(x) = x^4(35 - 84x + 70x^2 - 20x^3) \tag{2-22}$$

$$\gamma < \min_n \left(\frac{\omega_{n+1} - \omega_n}{\omega_{n+1} + \omega_n}\right) \tag{2-23}$$

可按照传统小波变换的方式来定义经验小波变换 $W_f^e(n,t)$。如果将傅里叶变换和其逆变换记做 $\hat{\bullet}$ 和 $(\bullet)^{\vee}$，$\overline{\bullet}$ 表示求复共轭，则细节系数可以通过求取信号和经验小波函数的内积获得，公式如下：

$$W_f^e(n,t) = \langle f, \psi_n \rangle = \int f(\tau)\overline{\psi_n(\tau - t)}\,\mathrm{d}\tau = \left[\hat{f}(\omega)\overline{\hat{\psi}_n(\omega)}\right]^{\vee} \tag{2-24}$$

近似系数可通过求取信号和经验尺度函数内积获得，公式如下：

$$W_f^e(0,t) = \langle f, \phi_1 \rangle = \int f(\tau)\overline{\phi_1(\tau - t)}\,\mathrm{d}\tau = \left[\hat{f}(\omega)\overline{\hat{\phi}_1(\omega)}\right]^{\vee} \tag{2-25}$$

原始信号可按如下公式重构(*表示卷积)：

$$f(t) = W_f^e(0,t) * \phi_1(t) + \sum_{n=1}^{N} W_f^e(n,t) * \psi_n(t)$$

$$= \left[\hat{W}_f^e(0,\omega) * \hat{\phi}_1(\omega) + \sum_{n=1}^{N} \hat{W}_f^e(n,\omega) * \hat{\psi}_n(\omega) \right]^\vee \tag{2-26}$$

然后，式(2-18)中的 $f_k(t)$ 可按如下的公式获得：

$$f_0(t) = W_f^e(0,t) * \phi_1(t) \tag{2-27}$$

$$f_k(t) = W_f^e(k,t) * \psi_k(t) \tag{2-28}$$

与 EMD 经验性的按设定收敛条件多次迭代获得最终计算结果不同，EWT通过自适应分割原始振动信号的傅里叶谱，构造正交小波滤波器组直接提取原始振动信号的固有模态，不需要进行多次迭代。分解得到的模态少且受模态混叠影响小，而且不易出现虚假模态，因而很快在很多领域得到了充分利用[7-10]。

2.2.2　经验小波变换与经验模态分解的对比

断路器振动信号本质上由多个瞬时非平稳衰减振动事件叠加而成，每个振动事件都相当于一个本征模函数(intrinsic mode function，IMF)。EWT 能够有效地分离这些分量，结合 Hilbert 谱分析，准确获得原始振动信号的时-频能量分布。

根据文献[11]，理想的断路器振动信号模型如下：

$$f(t) = \sum_{i=1}^{n} A_i e^{-\alpha_i(t-t_i)} \sin[2\pi f_i(t-t_i)] u(t-t_i) \tag{2-29}$$

式中，A_i 为第 i 个振动事件最大振幅；α_i 为衰减系数；f_i 为振动频率，t_i 为起始时间；$u(t)$ 为单位阶跃信号。

通过 MATLAB 仿真生成由振动事件 $m_1 \sim m_5$ 组成的断路器振动信号，采样率为20kHz/s，各振动事件的参数如表 2-2 所示，波形如图 2-6 所示。

表 2-2　仿真振动信号参数

事件 m_i	t_i/ms	f_i/Hz	A_i	α_i
m_1	15	1200	0.15	80
m_2	50	3000	0.2	50
M_3	25	4500	0.3	95
m_4	30	5500	1.0	75
m_5	40	7000	0.5	60

分别用 EWT 和 EMD 处理仿真信号。EWT 中原始振动信号的傅里叶谱及傅里

叶轴的分割如图 2-7 所示,图 2-7 中虚线表示通过 EWT 检测到的傅里叶轴分割边界,具体数值如表 2-3 所示。

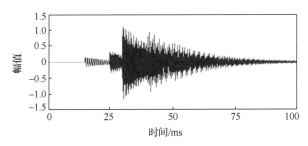

图 2-6 仿真振动信号波形

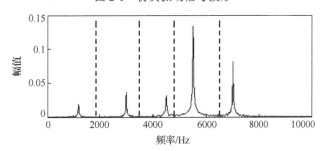

图 2-7 仿真振动信号的傅里叶谱及傅里叶轴的分割

表 2-3 傅里叶轴分割边界

边界序号	1	2	3	4
边界值/Hz	1880.95	3501.76	4802.41	6503.27

分别采用 EWT 和 EMD 对仿真振动信号进行分解得到的 IMF 如图 2-8 所示。

如图 2-8(a)所示,EWT 分解得到 5 个 IMF,每个 IMF 对原始仿真振动信号中包含的独立振动事件的刻画都与表 4-1 中的参数大致相同;而图 2-8(b)中,EMD 分解得到 12 个 IMF 之多,不但增加了 EMD 计算的迭代次数,而且这些模态与原始信号物理意义没有联系(即存在虚假模态和模态混叠),不利于提取振动信号特征。由此可见,EWT 在提取断路器振动信号特征时,具有明显优势。

2.2.3 基于经验小波变换和时-频熵的断路器机械故障诊断特征提取

1. Hilbert 变换

通过 EWT 获得了振动信号的各个 AM-FM 分量后,对每一个分量 $f_k(t)$ 做 Hilbert 变换,记 $f_k(t)$ 的 Hilbert 变换为 $g_k(t)$,则有

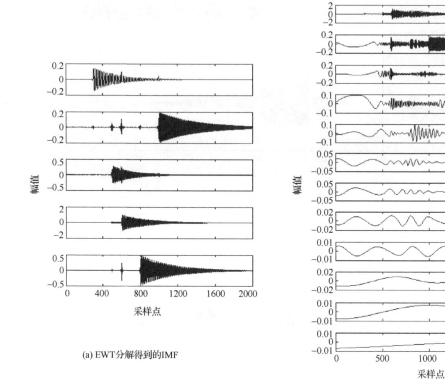

(a) EWT分解得到的IMF

(b) EMD分解得到的IMF

图 2-8　EWT 和 EMD 分解结果比较

$$g_k(t) = f_k(t) * \frac{1}{\pi t} = \frac{1}{\pi} \int_{-\infty}^{+\infty} \frac{f_k(\tau)}{t-\tau} \mathrm{d}\tau \tag{2-30}$$

构造解析信号，得

$$z_k(t) = f_k(t) + \mathrm{j}g_k(t) = a_k(t)\mathrm{e}^{\mathrm{j}\theta_k(t)} = a_k(t)\mathrm{e}^{\mathrm{j}\int_0^T \omega_k(t)\mathrm{d}t} \tag{2-31}$$

式中，$a_k(t) = \sqrt{f_k^2(t) + g_k^2(t)}$ 为瞬时幅值函数；$\theta_k(t) = \arctan\left[\dfrac{g_k(t)}{f_k(t)}\right]$ 为瞬时相位函数。

从而，可以按如下公式求出瞬时频率：

$$\omega_k(t) = \frac{\mathrm{d}\theta_k(t)}{\mathrm{d}t}, \quad f_k(t) = \frac{1}{2\pi}\omega_k(t) = \frac{1}{2\pi}\frac{\mathrm{d}\theta_k(t)}{\mathrm{d}t} \tag{2-32}$$

得到

$$z_k(t) = f_k(t) + \mathrm{j}g_k(t) = a_k(t)\mathrm{e}^{\mathrm{j}\theta_k(t)} = a_k(t)\mathrm{e}^{\mathrm{j}\int_0^T \omega_k(t)\mathrm{d}t} \tag{2-33}$$

原始信号 $f(t)$ 可以用如下公式表示：

$$f(t) = \sum_{i=0}^{n} f_k(t) = \text{Re} \sum_{i=0}^{n} z_k(t) = \text{Re} \sum_{i=0}^{n} a_k(t) e^{j\theta_k(t)}$$

$$= \text{Re} \sum_{i=0}^{n} a_k(t) e^{j\int \omega_k(t) dt} \tag{2-34}$$

通过上式，振动信号的幅值可表示为时间和瞬时频率的函数 $H(\omega,t)$，从而得到振动信号幅值的时-频分布（即时-频矩阵），也即 Hilbert 谱，表达方式如下：

$$H(\omega,t) = \text{Re} \sum_{i=0}^{n} a_k(t) e^{j\int \omega_k(t) dt} \tag{2-35}$$

在 SF_6 高压断路器上进行实验，获得正常振动信号及铁芯卡涩、基座螺丝松动和机械润滑不足 3 种故障类型振动信号，先用 EWT 处理，然后按照上述方法可获得振动信号的 EWT-Hilbert 谱，如图 2-9 所示。

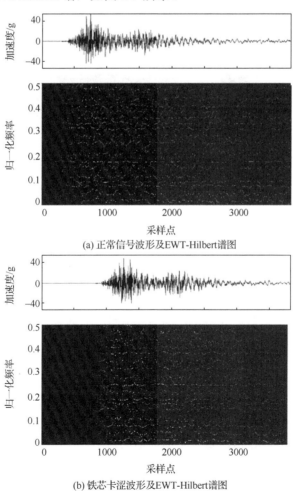

(a) 正常信号波形及EWT-Hilbert谱图

(b) 铁芯卡涩波形及EWT-Hilbert谱图

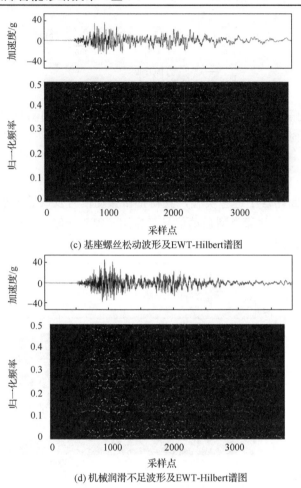

(c) 基座螺丝松动波形及EWT-Hilbert谱图

(d) 机械润滑不足波形及EWT-Hilbert谱图

图 2-9 实测高压断路器振动信号波形及 EWT-Hilbert 谱图

由图 2-9 可知,不同类型振动信号的时-频能量分布存在明显区别。和正常信号相比,铁芯卡涩信号的能量分布存在明显的时间延迟;基座螺丝松动信号在低频部分有更多的能量分布;机械润滑不足的信号能量随时间轴的分布更为松散。这些信息转化成有效的故障特征,用于故障类型的识别。

2. EWT-Hilbert 谱时-频熵特征向量提取

将 0~12kHz 与接收到触发信号 150ms 内的时-频平面划分为 360 个频宽为 1kHz、时宽为 5ms 的等大小时频块,如图 2-10 所示。

文献[12]~[18]都采用 EMD 分析断路器的振动信号,但在特征提取方面采取了不同的方法。文献[12]~[14]将每个 IMF 沿时间轴平均分为 N 段,再计算每个 IMF 分量对应的能量熵,组成特征向量用于故障诊断;文献[15]分别计算每个 IMF 的能

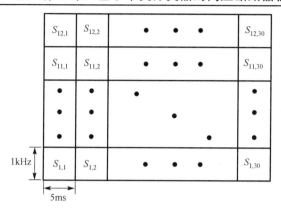

图 2-10　时-频平面的分割

量总量，组成特征向量用于故障诊断；文献[16]通过 EMD 得到前 5 阶 IMF 分量，再计算它们的能量比、峭度及均方值作为特征向量；文献[17]则通过 Hilbert 黄变换构造时频矩阵，再对时频矩阵进行奇异值分解，用时频矩阵的奇异值作为特征向量；文献[18]计算每个 IMF 的二维谱熵，作为特征向量。这些方法虽然取得了一定的效果，但均在一定程度上损失了原始信号能量的时-频分布信息，而且易受到模态混叠及虚假模态的影响。新方法从 EWT-Hilbert 谱中提取时-频熵作为特征向量，能够有效描述断路器振动信号能量的时-频分布，且降低了模态混叠及虚假模态对特征提取的影响。

首先，对 12 个频带中每个频带，分别计算振动信号时-频块能量相对于时间的信息熵：

$$H_i = -\sum_{j=1}^{30} \hat{E}_{ij} \cdot \lg \hat{E}_{ij}, \quad i = 1, \cdots, 12 \tag{2-36}$$

同理，计算振动信号时-频块相对于频率的信息熵，其公式为

$$L_j = -\sum_{i=1}^{12} \hat{E}_{ij} \cdot \lg \hat{E}_{ij}, \quad j = 1, \cdots, 30 \tag{2-37}$$

由以上 42 个时-频熵构成振动信号的时-频熵向量 $Z = [H \ L]$，其中 $H = [H_1, \cdots, H_{12}]$，$L = [L_1, \cdots, L_{30}]$。以向量 Z 作为高压断路器故障诊断的状态特征向量，输入分类器，识别故障类型。

从收到分闸指令时刻开始记录信号，取 150ms 振动数据进行分析。共模拟 3 种故障类型，包括铁芯卡涩、基座螺丝松动与机械润滑不足。采用 EWT 几种振动信号处理后，提取正常振动信号和 3 种故障振动信号的 EWT-Hilbert 谱的时-频熵特征向量如图 2-11 所示，为清晰起见，每种信号仅列出 5 组。

如图 2-11 所示，同种类型的振动信号之间，虽然特征分布存在细微差异，但整

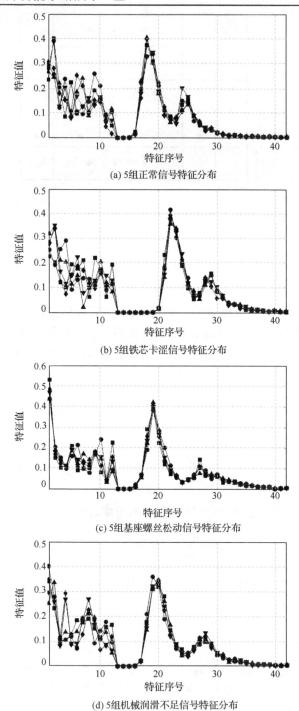

(a) 5组正常信号特征分布

(b) 5组铁芯卡涩信号特征分布

(c) 5组基座螺丝松动信号特征分布

(d) 5组机械润滑不足信号特征分布

图 2-11　不同类型信号的特征分布

体分布大致相同。而不同类型的振动信号之间，特征分布情况有明显差异。铁芯卡涩信号相对于频率的熵特征（即后 30 个特征）有整体后移的现象；基座螺丝松动信号的第 1 个特征数值较大；机械润滑不足信号相对于频率的熵特征（即后 30 个特征）随特征序号变化的趋势较慢。

2.3　基于单类分类器的高压断路器机械故障诊断

2.3.1　单类分类器概述

　　传统的多类分类器在训练时需要提供多个类别的训练样本，来设计二分类或多分类的分类器。然而在某些问题中，多个类别的训练样本由于难以获取（类别过多或获取代价过高），导致了各个类别的样本数量严重不平衡，这会造成分类面的严重偏离，导致分类器分类效果不佳。

　　本章研究的高压断路器机械故障诊断问题就属于这类问题。一方面，高压断路器可能发生的机械故障种类很多，难以全面地考虑进来，这会导致传统多类分类器在遇到不参加训练的故障类型时极容易将其误识别为正常状态；另一方面，部分故障类型样本（如分合闸线圈铁芯撞杆变形、掣子扣入深度异常等）获得的代价过高，无法得到足够的训练样本，造成分类面严重偏离，识别效果较差。而且，根据高压断路器机械故障诊断问题的实际工程需要，应重点考虑可靠性的要求。因此，在不将过多正常样本误诊断为故障的前提下，应尽量避免将故障误诊断为正常状态。而传统多类分类器对于几类样本的重视程度是相等的，追求正常状态和各种故障类型的综合识别准确率最高，这样的决策方式易将一些轻微故障误识别成正常状态，不符合断路器故障诊断的高可靠性要求。

　　为了克服传统多类分类器在高压断路器机械故障诊断问题上存在的缺陷，将单类分类器应用到高压断路器机械故障诊断领域。相比传统多类分类器，单类分类器是一种只采用一类样本进行训练的新型分类器，在故障诊断、疾病分析及声音识别等领域得到了广泛应用[19-21]。相比各类故障振动信号，高压断路器的正常振动信号是容易获取的，因而采用单类分类器能够克服传统多类分类器应用于高压断路器机械故障诊断时的不足，满足高压断路器机械故障诊断的高可靠性要求。单类分类器根据不同原理，主要可分为密度估计法、基于神经网络的方法、基于聚类的方法和基于支持域的方法[22]。本章主要研究了基于支持域的方法中，具有代表性的单类支持向量机（one-class support vector machine，OCSVM）和支持向量数据描述（support vector data description，SVDD）两种方法。

2.3.2 基于单类支持向量机的高压断路器机械故障诊断

1. 单类支持向量机

OCSVM 属于基于支持域的单类分类方法，具有训练、决策速度快、对训练样本要求不高、抗噪性能好等优点[23]。基本思路是寻找一个决策超平面，使大部分目标样本位于该超平面的一侧，而大部分非目标样本位于超平面的另一侧。这种方法主要通过单类样本训练，得到一个由支持向量表示的超平面，尽量最大化该超平面到原点的距离。

设给定的训练数据集 $X = [x_1; x_2; \cdots; x_n] \in \mathrm{R}^{n \times m}$，$X$ 中包含 n 个 m 维的正常振动信号样本特征向量。OCSVM 分类的目标是在数据空间中寻找一个分类超平面 $F(x) = \langle w, x \rangle - \rho = 0$，尽量把用于训练的正常样本集与原点分开，且使该超平面与原点之间的距离最大。该问题可以用如下二次规划问题描述。

$$\begin{cases} \min \dfrac{1}{2} \|w\|^2 \\ \text{s.t. } \langle w, x_i \rangle \geqslant \rho, \quad i = 1, \cdots, n \end{cases} \tag{2-38}$$

为提高 OCSVM 性能，采用核理论解决线性不可分问题。假设非线性映射 $\varphi : x \to \varphi(x)$ 将数据从原始输入空间映射到线性特征空间。在此线性特征空间中，引入松弛变量 ξ_i 和误差限 v。ξ_i 用来惩罚背离超平面的点，通过 ξ_i，使分类器实现正常样本与故障样本间的软间隔；v 用来控制训练过程中异常点占总样本数量的上限，取值范围为 $(0,1]$。

改进的 OCSVM 表达如下：

$$\begin{cases} \min \dfrac{1}{2} \|w\|^2 + \dfrac{1}{vn} \sum_{i=1}^{n} \xi_i - \rho \\ \text{s.t. } \langle w, \varphi(x_i) \rangle \geqslant \rho - \xi_i, \quad \xi_i \geqslant 0, \quad i = 1, \cdots, n \end{cases} \tag{2-39}$$

求解上述优化问题需要构建拉格朗日函数：

$$L(\omega, \xi, \rho, \alpha, \beta) = \dfrac{1}{2} \|w\|^2 + \dfrac{1}{vn} \sum_{i=1}^{n} \xi_i - \rho - \sum_{i=1}^{n} \alpha_i \left[\langle w, \varphi(x_i) \rangle - \rho + \xi_i \right] - \sum_{i=1}^{n} \beta_i \xi_i \tag{2-40}$$

对该式各个变量求偏导数并令其等于 0，可得

$$w = \sum_{i=1}^{n} \alpha_i \varphi(x_i) \tag{2-41}$$

$$\alpha_i = \dfrac{1}{vn} - \beta_i \leqslant \dfrac{1}{m} \tag{2-42}$$

$$\sum_{i=1}^{n}\alpha_i = 1 \tag{2-43}$$

由核函数理论可知，采用非线性映射后，特征空间中两个向量的内积可以用原始输入空间中的核函数表示为

$$\langle \varphi(x_i), \varphi(x_j) \rangle = K(x_i, x_j) \tag{2-44}$$

结合上式可得到优化问题的对偶形式如下：

$$\begin{cases} \min \dfrac{1}{2}\sum_{i,j=1}^{n}\alpha_i\alpha_j K(x_i, x_j) \\ \text{s.t.}\sum_i \alpha_i = 1, \quad 0 \leqslant \alpha_i \leqslant \dfrac{1}{vn} \end{cases} \tag{2-45}$$

采用 RBF 高斯核函数，形式如下：

$$K(x_i, x_j) = \exp\left(-\frac{\|x_i - x_j\|^2}{2\sigma^2}\right) \tag{2-46}$$

式中，σ 为 RBF 高斯核函数的宽度参数。

式(2-47)描述的是一个标准二次规划问题，解出 α_i、ρ 即可得到特征空间的决策超平面(其对应原始振动信号输入特征空间的一个超球面)，求取超平面后，决策方程为

$$f(x) = \sum_{i=1}^{n}\alpha_i K(x_i, x) - \rho \tag{2-47}$$

式中，ρ 可以通过如下公式计算：

$$\rho = \sum_{i=1}^{n}\alpha_i K(x_i, x_j) \tag{2-48}$$

由以上可知，OCSVM 采用易于获得的正常断路器振动信号样本开展单类训练，克服了高压断路器故障诊断中，故障训练样本获取困难，容易将故障样本误识别为正常样本的缺陷。同时，与 SVM 相比，其决策原理对提高设备可靠性也更加有利。

图 2-12 比较了 OCSVM 和 SVM 的决策原理，其背景是一个在二维平面上线性可分的二分类问题，假定左侧的样本是正常振动信号，右侧样本是故障振动信号。SVM 的决策原理是首先找到支持两类样本中间间隙的直线，即图中 2 条细虚线。然后求得决策线，即图 2-12 中到两条细虚线距离相等的粗虚线。而 OCSVM 只利用左侧的正常振动信号样本完成训练，将二维的输入空间映射到高维特征空间，并在这个高维特征空间中找到一个能够支撑所有正常样本的超平面(即 OCSVM 的决策超

平面），并最大化这个超平面与原点的距离。这个高维特征空间中的决策超平面映射回二维空间后，形成一个包含所有正常样本的闭合曲线，如图 2-12 中粗曲线所示。

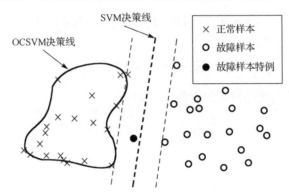

图 2-12　OCSVM 与 SVM 决策原理比较

图 2-12 中 SVM 决策线（即图中粗虚线）左侧的实心圆点表示一次轻微故障，本应将其划分为右侧的故障类型，但 SVM 将其误判为了正常情况；而由于 OCSVM 的支持域比 SVM 的支持域更加紧密，能够将其正确地诊断为异常情况，所以能够获得更高的可靠性。

2. 基于粒子群算法的单类支持向量机参数优化

通过调整影响 OCSVM 分类器性能的主要常数参数误差限 v 和 RBF 核函数宽度参数 σ，可以最大化支持向量所决定的超平面到原点的距离，提高 OCSVM 分类性能。这两个参数之间相互影响，一同制约 OCSVM 的分类性能。由于无法直接通过函数列写适应度大小和这两个参数的关系，可采用网格法、交叉验证法或智能优化算法搜索 v 与 σ 的最优值。采用粒子群算法（particle swarm optimization，PSO）进行相关计算，并将其应用于故障分类过程中。PSO 是一种模仿鸟群觅食的基于群体的智能优化算法，具有参数少、概念简单且易于实现等优点，其基本原理如下。

一个由 m 个粒子组成的群体在 D 维（$D=2$）搜索空间中以一定的速度飞行。每个粒子被看作是一个没有体积的个体，飞行的速度将按照它本身的飞行经验及同伴的飞行经验进行动态调整，并在此基础上进行位置的变化。其中，第 i 个粒子的位置表示为 $x_i=(x_{i1},x_{i2},\cdots,x_{id},\cdots,x_{iD})$，第 i 个粒子的速度表示为 $v_i=(v_{i1},v_{i2},\cdots,v_{id},\cdots,v_{iD})$，其中，$1\leqslant i\leqslant m$ 且 $1\leqslant d\leqslant D$。第 i 个粒子经历过的历史最好点表示为 $p_i=(p_{i1},p_{i2},\cdots,p_{iD})$；群体内所有粒子所经过的最好的点表示为 $p_g=(p_{g1},p_{g2},\cdots,p_{gD})$。对每一代，其第 d 维的位置和速度根据如下方程变化：

$$v_{id}^k=wv_{id}^{k-1}+c_1\mathrm{rand}_1(p_{id}-x_{id}^{k-1})+c_2\mathrm{rand}_2(p_{gd}-x_{id}^{k-1}) \tag{2-49}$$

$$v_{id}^{k} = \begin{cases} v_{\max}, & v_{id}^{k} > v_{\max} \\ -v_{\max}, & v_{id}^{k} < -v_{\max} \end{cases} \tag{2-50}$$

$$x_{id}^{k} = x_{id}^{k-1} + v_{id}^{k} \tag{2-51}$$

式中，w 为惯性权重，在基本 PSO 算法中取值为 1；c_1 和 c_2 是加速系数，在基本 PSO 算法中一般取 $c_1 = c_2 = 2$；rand_1 和 rand_2 为两个在[0,1]区间内均匀分布的伪随机数。粒子的速度被限制在一个最大速度 $v_{\max}$ 的范围内。这样，根据式(2-49)和式(2-51)，m 个粒子在历次迭代过程中，通过自身经历过的信息及群体共享的历史信息，使其群体不断朝适应度更好的方向移动。

和其他智能优化算法一样，PSO 也存在早熟收敛现象。为了克服这一缺陷，避免算法陷入局部最优而影响 OCSVM 的分类性能，并且尽量提高算法的收敛速度，在传统 PSO 基础上，选择线性变化的惯性权重和对称线性变化的加速系数对 PSO 进行改进，具体方法如下。

1. 惯性权重的调整

采用线性减小的惯性权重调节方式，可以使算法进行的初期具有较好的探索能力，能够先在全局大范围搜索较优解；而随着迭代次数的增加，算法能够具有较好的局部开发能力，这样可以使算法在保持良好搜索能力的情况下不至于出现早熟收敛现象。设惯性权重的取值范围为 $[w_{\min}, w_{\max}]$，通常 $w_{\min} = 0.4$，$w_{\max} = 0.9$。

最大迭代次数为 Iter_max，则第 i 次迭代时的惯性权重可取为

$$w_i = w_{\max} - \frac{w_{\max} - w_{\min}}{\text{Iter\_max}} \times i \tag{2-52}$$

2. 加速系数 c_1 和 c_2 的调整

加速系数反应的是粒子群之间的信息交流情况，选取较大 c_1 值使粒子更依赖自身的经验，会导致粒子更容易在自身局部范围徘徊；选取较大 c_2 值则使粒子向全体最优个体方向移动的速度加快，使粒子容易过早收敛于局部最优值。

为了平衡这种矛盾，通常 c_1 和 c_2 会选取相同的常数值，但有时这种方法不能满足实际情况的需要。较合适的方法是在算法初期使用较大 c_1 和较小 c_2，而后期逐渐减小 c_1 并增大 c_2。这样就能使初期粒子倾向于在整个搜索空间飞行，不至于丢掉可能获得最优解的区域，而后期粒子更倾向于飞向全局最优解，即其他粒子更多地向获得历史最优解的粒子学习。这样便能够缩短算法的计算时间，又不至于陷入局部最优而丢解。采用的加速系数调整措施如下[24]：

$$c_1 = (c_{1f} - c_{1i}) \frac{i}{\text{Iter\_max}} + c_{1i} \tag{2-53}$$

$$c_2 = (c_{2f} - c_{2i}) \frac{i}{\text{Iter\_max}} + c_{2i} \tag{2-54}$$

式中，c_{1i} 和 c_{1f} 为 c_1 的初始值和最终值；c_{2i} 和 c_{2f} 为 c_2 的初始值和最终值。采取对称变化的情况，c_1 由 2.5 线性递减至 0.5，而 c_2 由 0.5 线性递增至 2.5。

3. OCSVM-SVM 故障分类器的设计及实验结果

首先按照以上所述方法对正常信号和铁芯卡涩、基座螺丝松动与机械润滑不足 3 种故障振动信号样本每种各 40 组进行 S 变换处理和时–频熵特征向量提取。其中每种信号的 40 组样本中，20 组用来作为训练样本，20 组作为测试样本。然后用 OCSVM-SVM 分类器进行故障诊断，具体流程如图 2-13 所示。

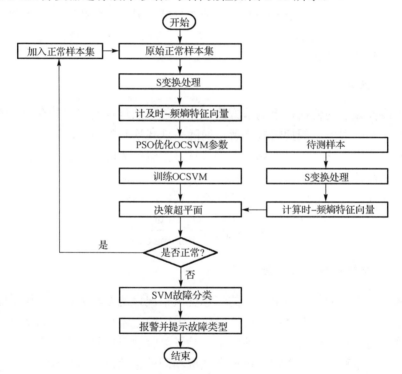

图 2-13　基于 S 变换时–频熵与 OCSVM-SVM 分类器的高压断路器机械故障诊断流程

其中 OCSVM 参数通过前文介绍的改进的 PSO 在二维空间进行参数寻优，按照上文所述的惯性权重和加速系数的调整方法，编程实现参数寻优，群体个数设置为 30 个，设置结束条件为迭代次数 50 次，运行后得最优解为 $v = 0.82$，$\sigma = 17.68$，如图 2-14 所示。由图 2-14 可以看出全局最优解在第 9 次迭代中已经出现，后面的迭代中，群体只是不断向最优适应度的粒子靠近，因而平均适应度逐渐有所提升。

所有训练样本都参与了训练过程，采用 OCSVM-SVM 分类器和单独采用 SVM

的结果分别如表 2-4 和表 2-5 所示。表中用故障判别准确率表示分类器判断设备是否发生故障的准确率，用分类准确率表示分类器识别具体样本类型的准确率。

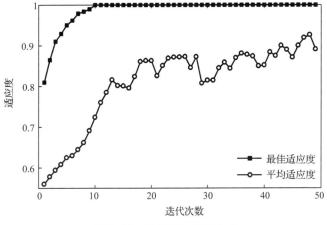

图 2-14　粒子群适应度曲线

表 2-4　OCSVM-SVM 分类器实验结果（所有训练样本参与训练）

测试样本	诊断结果				故障判别准确率/%	分类准确率/%
	正常状态	铁芯卡涩	螺丝松动	润滑不足		
正常状态	18	0	0	2	90	90
铁芯卡涩	0	20	0	0	100	100
螺丝松动	0	0	20	0	100	100
润滑不足	0	0	0	20	100	100

表 2-5　SVM 分类器实验结果（所有训练样本参与训练）

测试样本	诊断结果				故障判别准确率/%	分类准确率/%
	正常状态	铁芯卡涩	螺丝松动	润滑不足		
正常状态	17	0	0	3	85	85
铁芯卡涩	0	20	0	0	100	100
螺丝松动	0	0	20	0	100	100
润滑不足	2	0	0	18	90	90

然后，机械润滑不足类型的样本不参与训练，但仍将该类型的测试样本特征输入到两种分类器中进行诊断，结果如表 2-6 所示。

表 2-6　OCSVM-SVM 与 SVM 对比（无训练样本的故障类型）

分类器	诊断结果			故障判别准确率/%	分类准确率/%
	正常状态	铁芯卡涩	螺丝松动		
OCSVM-SVM	0	14	6	100	0
SVM	20	0	0	0	0

由结果可知，新方法具有以下优点：①由表 2-4 和表 2-5 可知，因为 OCSVM 在轻微故障判别方面存在优势，新方法对有训练样本的故障类型识别准确率优于 SVM 分类器；②由表 2-6 可知，对于无训练样本的故障类型，两种方法都不能将其具体类型正确识别出来，但 OCSVM-SVM 分类器将其都正确地判别为故障状态，其故障判别准确率远高于 SVM 分类器。因此，实验结果证明，与传统 SVM 分类器相比，新方法采用的 OCSVM-SVM 分类器提高了系统故障判别能力，更加适用于需要高可靠性的断路器故障诊断领域。

2.3.3　基于支持向量数据描述的高压断路器机械故障诊断

1. 支持向量数据描述

SVDD 属于基于支持域的单类分类方法，具有训练、决策速度快、对训练样本要求不高、抗噪性能好等优点[25]，近年来在故障诊断及状态监测领域中受到广泛关注[26-28]。其基本思路是通过核理论，将输入空间映射到高维特征空间，使绝大部分目标训练样本(即正常状态的断路器振动信号样本)被一个超球体包围，如图 2-15 所示。

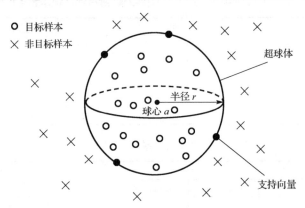

图 2-15　SVDD 原理示意图

对于目标数据集 x_i，$i = 1,2,\cdots,n$，SVDD 首先通过非线性映射 $\phi : x \to \phi(x)$ 将其映射到高维特征空间，然后在高维特征空间求得超球体 (a, R)，其中 a 是球心，R 是半径，使该超球体尽量包含所有 x_i 且 R 最小。该问题可以用如下二次规划模型来描述：

$$\begin{cases} \min F(R,a,\xi) = R^2 + C \sum_i \xi_i \\ \text{s.t.} \|\phi(x_i) - a\|^2 \leqslant R^2 + \xi_i, \qquad \xi_i \geqslant 0, \forall i \end{cases} \tag{2-55}$$

式中，ξ 为松弛变量，用来惩罚背离超平面的点；C 为惩罚因子，控制最小超球体体积与错分样本之间的平衡。

这里通过非线性映射 $\phi(x)$，将输入样本空间映射到高维特征空间，并寻找一个满足 Mercer 条件的核函数，使得 $K(x_i,x_j)=\langle\phi(x_i),\phi(x_j)\rangle$。其中，$\langle\phi(x_i),\phi(x_j)\rangle$ 表示 $\phi(x_i)$ 与 $\phi(x_j)$ 的内积。采用 RBF 高斯核函数，形式如下：

$$K(x_i,x_j)=\exp\left(-\frac{\|x_i-x_j\|^2}{2\sigma^2}\right) \tag{2-56}$$

上述问题是一个二次规划问题，通过求解其对偶问题可以得到最优解，其形式如下：

$$\begin{cases} \max\limits_{\alpha_i} L=\sum_i \alpha_i K(x_i,x_i)-\sum_{i,j}\alpha_i\alpha_j K(x_i,x_j) \\ \text{s.t.} \sum_i \alpha_i=1,\quad i=1,2,\cdots,n \\ 0\leqslant\alpha_i\leqslant C,\quad i=1,2,\cdots,n \end{cases} \tag{2-57}$$

求解式(2-57)可得拉格朗日乘子 α_i，$\alpha_i>0$ 对应的样本 x_k 即支持向量，超球体半径可通过如下公式计算：

$$R^2=K(x_k,x_k)-2\sum_i\alpha_i K(x_i,x_k)+\sum_{i,j}\alpha_i\alpha_j K(x_i,x_j) \tag{2-58}$$

通过上述步骤即完成了 SVDD 的训练。对于一个给定的测试样本 z，通过求出其到超球体球心 a 的距离，并与超球体半径 R 比较，即可判断其是否属于目标样本。计算公式如下：

$$R_z^2=\|z-a\|^2=K(z,z)-2\sum_i\alpha_i K(x_i,z)+\sum_{i,j}\alpha_i\alpha_j K(x_i,x_j) \tag{2-59}$$

2. 含有非目标训练样本的改进支持向量数据描述

工程上，有时能够获得一些常见故障类型的样本，可以将这些非目标类样本引入 SVDD 的训练中，获得 ISVDD，以提高对这些常见故障样本的识别能力[29]。

用下标 i、j 表示目标样本(正常情况)，用下标 l、m 表示非目标样本(故障情况)。并引入类别标号 y 表示样本是否属于目标样本类，对于目标样本，有 $y_i=1$；对于非目标样本，有 $y_l=-1$。ξ_i 和 ξ_l 表示目标和非目标样本的松弛变量，C_1 和 C_2 表示目标和非目标样本对应的惩罚因子。这样公式(2-55)可以改写为

$$\begin{cases} \min F(R,a,\xi)=R^2+C_1\sum_i\xi_i+C_2\sum_l\xi_l \\ \text{s.t.} \|\phi(x_i)-a\|^2\leqslant R^2+\xi_i, \\ \|\phi(x_l)-a\|^2\geqslant R^2-\xi_l, \\ \xi_i\geqslant0,\xi_l\geqslant0,\quad\forall i,l \end{cases} \tag{2-60}$$

利用 Lagrange 函数求解上述问题，可得

$$L = \sum \alpha_i K(x_i, x_i) - \sum_l \alpha_l K(x_l, x_l) - \sum_{i,j} \alpha_i \alpha_j K(x_i, x_j)$$
$$+ 2\sum_{l,j} \alpha_l \alpha_j K(x_l, x_j) - \sum_{l,m} \alpha_l \alpha_m K(x_l, x_m) \tag{2-61}$$

为了简化问题，令 $\alpha' = y\alpha$。其中 y 是类别标号，α 代表 α_i 和 α_l 的总和，这样得到和基本 SVDD 相同形式的目标函数如下：

$$L = \sum_i \alpha_i' K(x_i, x_i) - \sum_{i,j} \alpha_i' \alpha_j K(x_i, x_j) \tag{2-62}$$

那么，公式(2-58)可改写为

$$R^2 = K(x_k, x_k) - 2\sum_i \alpha_i' K(x_i, x_k) + \sum_{i,j} \alpha_i' \alpha_j K(x_i, x_j) \tag{2-63}$$

公式(2-59)可改写为

$$R_z^2 = \|z - a\|^2 = K(z,z) - 2\sum_i \alpha_i' K(x_i, z) + \sum_{i,j} \alpha_i' \alpha_j K(x_i, x_j) \tag{2-64}$$

通过上述推导可以看出，在 SVDD 训练过程中加入非目标类样本以获得 ISVDD 时，并没有增加计算的复杂程度，不会影响分类器训练的效率。

3. ISVDD-FCM 故障分类器的设计

采用将 ISVDD 与模糊均值聚类(fuzzy c-means clustering，FCM)结合的方法进行高压断路器机械故障诊断。新方法中，FCM 能够在 ISVDD 发现故障后，进一步将故障准确分类。作为一种非监督模式识别方法，FCM 不但能够识别出有训练样本的故障类型，而且对于没有训练样本的故障类型，FCM 可将其识别为"未知故障"，适合高压断路器机械故障诊断的实际需求。下面简述 FCM 算法基本原理。

设给定数据集 $X = \{x_1, x_2, \cdots, x_n\}$ 为 s 维样本空间中一组有限观测样本集，c 是对 X 划分的聚类个数，FCM 可以表示如下：

$$\begin{cases} \min J_{fcm}(U,V) = \sum_{i=1}^c \sum_{j=1}^n u_{ij}^m d_{ij}^2 \\ \text{s.t.} \sum_{i=1}^c u_{ij} = 1, \quad 1 \leqslant j \leqslant n \\ \sum_{j=1}^n u_{ij} > 0, \quad 1 \leqslant i \leqslant c \\ u_{ij} \geqslant 0, \quad 1 \leqslant i \leqslant c, 1 \leqslant j \leqslant n \end{cases} \tag{2-65}$$

式中，以 u_{ij} 表示第 j 个样本 x_j 属于第 i 类的隶属度，$U_{c \times n} = \{u_{ij}\}$ 为隶属度矩阵；$V_{s \times c} = [v_1, v_2, \cdots, v_n]$ 是 c 个类型各自的聚类中心；$m > 1$ 是模糊加权指数，一般取 $m = 2$；$d_{ij} = \|x_j - v_i\|$ 表示样本点 x_j 到聚类中心 v_i 的距离，常采用欧氏距离。迭代求解该优化问题后，得到最优聚类中心 V 和隶属度矩阵 U。

首先采用前文介绍的 EWT-Hilbert 谱分析法获得振动信号的时–频矩阵，然后提取时–频熵特征向量，再用 ISVDD-FCM 分类器进行故障识别。采用新方法的高压断路器机械故障诊断其流程如图 2-16 所示，具体分为以下步骤。

(1)采集断路器正常状态振动信号样本，并通过 EWT-Hilbert 谱分析，获得其时–频分布。

(2)计算样本的时–频熵，构建分类特征向量。

(3)训练 ISVDD，获得决策超球面。

(4)采集待测样本，按步骤(1)和(2)的方法计算待测样本的特征向量，通过 ISVDD 决策超球面判断其是否为故障样本。

(5)如果测试样本为正常样本则加入正常样本集，否则通过 FCM，进一步判断具体故障类型并输出结果。

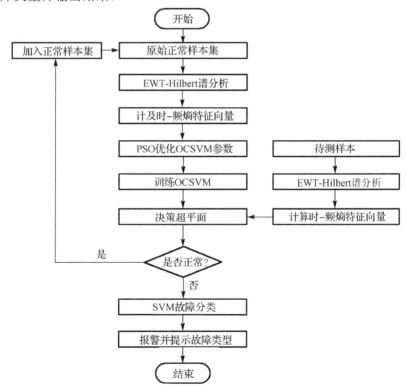

图 2-16 基于 EWT 和 ISVDD-FCM 分类器的故障诊断流程图

为了验证新方法故障诊断能力，通过实验对比了 ISVDD-FCM、SVDD-FCM、SVM 和 BPNN (back propagation neural network) 四种方法的故障诊断效果。实验中，只用 30 组正常状态振动信号训练 SVDD；用 30 组正常状态振动信号再加上铁芯卡涩和基座螺丝松动 2 种故障每种各 15 组训练 ISVDD、SVM 和 BPNN。为了证明 ISVDD 和 SVDD 对无训练样本的故障类型的故障诊断效果更好，机械润滑不足类型样本只用来进行分类器性能检测而不参与训练。

另外采集正常状态和 3 种故障状态信号每种各 15 组作为测试样本进行对比测试实验。ISVDD 和 SVDD 中的常数参数通过粒子群寻优，设定为 $C = 0.29$，$\sigma = 0.75$；SVM 分类器设计方法与文献[33]相同；BPNN 分类器采用 MATLAB7.1 搭建。

对于有训练样本的类型，4 种方法的故障诊断判断结果如表 2-7 所示。

表 2-7　有训练样本类型测试结果

测试样本		诊断结果			故障诊断准确率/%
		正常状态	铁芯卡涩	螺丝松动	
ISVDD-FCM	正常状态	14	0	1	93.3
	铁芯卡涩	0	15	0	100
	螺丝松动	0	0	15	100
SVDD-FCM	正常状态	14	0	1	93.3
	铁芯卡涩	0	15	0	100
	螺丝松动	1	0	14	93.3
SVM	正常状态	13	0	2	86.7
	铁芯卡涩	1	14	0	93.3
	螺丝松动	2	0	13	86.7
BPNN	正常状态	12	0	3	80
	铁芯卡涩	1	13	1	86.7
	螺丝松动	3	1	11	73.3

由表 2-7 可知：①ISVDD-FCM 因为引入常见故障样本，其对常见故障类型的诊断能力略优于 SVDD-FCM；②由于 SVDD 的目标是使决策超球体尽量小，其支持域比 SVM 更紧密，所以 SVDD-FCM 分类器对有训练样本的故障类型的诊断能力略优于 SVM；③SVM 因适合处理小样本、高维度问题，效果要好于 BPNN。因此对于有训练样本的类型，4 种方法的故障诊断效果顺序为 ISVDD-FCM>SVDD-FCM>SVM>BPNN。

对于不参与训练的 15 组机械润滑不足故障类型，4 种方法的诊断结果如表 2-8 所示。

表 2-8 无训练样本类型(机械润滑不足)测试结果

分类器	诊断结果		故障诊断准确率/%
	正常状态	故障状态	
ISVDD-FCM	0	15	100
SVDD-FCM	0	15	100
SVM	14	1	6.7
BPNN	13	2	13.3

由表 2-8 可知,当遇到无训练样本的故障类型(机械润滑不足),ISVDD-FCM 与 SVDD-FCM 的故障诊断能力相同,且远高于 SVM 和 BPNN。

实验结果证明,与传统多类分类器相比,新方法采用的 ISVDD-FCM 分类器显著提高了系统对高压断路器机械故障的诊断能力,更加适用于需要高可靠性的断路器故障诊断领域。

2.4 本 章 小 结

本章以高压断路器的机械振动信号为研究对象,针对高压断路器的机械故障诊断现有方法的不足,展开了较为细致的研究,主要开展的工作包括如下几条。

(1)提出采用 S 变换进行高压断路器振动信号处理的方法,并利用香农信息熵理论提取高压断路器振动信号的 S 变换时-频熵作为高压断路器机械故障诊断的输入特征向量。通过实测信号实验验证了新方法的有效性。

(2)提出采用经验小波变换进行高压断路器振动信号处理的方法,并验证了经验小波变换方法相比经验模态分解方法在处理高压断路器振动信号时的优势。高压断路器振动信号经过经验小波变换分解后,再进一步对得到的固有模态函数进行 Hilbert 谱分析,得到原始振动信号的时-频分布特性后,再利用香农信息熵理论提取高压断路器振动信号的 EWT-Hilbert 谱时-频熵特征向量。通过实测信号实验验证了新方法的有效性。

(3)提出基于单类分类器的高压断路器机械故障诊断分类器的方法。通过将单类分类器与传统多类分类器相结合的方法,克服了传统多类分类器对训练样本依赖过高的缺陷,大大提升了新方法进行高压断路器机械故障诊断的可靠性。本章分别介绍了单类支持向量机与支持向量数据描述这两种具有代表性的基于支持域的单类分类方法,介绍了对常数参数进行优化的方法,并介绍了含有非目标训练样本的改进支持向量数据描述方法。通过实验证明,采用单类分类器与多类分类器相结合的新方法,具有明显的优势,特别适合应用于对可靠性要求较高的高压断路器机械故障诊断领域,提供了一种新的思路。

参 考 文 献

[1] Stockwell R G, Mansinha L, Lowe R P. Localization of the complex spectrum: The S-transform[J]. IEEE Transaction on Signal Processing, 1996, 44(4): 998-1001.

[2] 康兵, 舒乃秋, 关向雨, 等. 基于广义 S 变换的特快速暂态过电压频谱特性及其影响因素分析[J]. 中国电机工程学报, 2015, 35(15): 3988-3996.

[3] 张钧, 何正友, 贾勇. 基于 S 变换的故障选线新方法[J]. 中国电机工程学报, 2011, 31(10): 109-115.

[4] 汪可, 李金忠, 张书琦, 等. 基于时频相似度的油纸绝缘多局部放电源脉冲群分离与识别策略[J]. 电工技术学报, 2014, 29(12): 251-260.

[5] Mishra S, Bhende C N, Panigrahi K B. Detection and classification of power quality disturbances using S-transform and probabilistic neural network[J]. IEEE Transaction on Power Delivery, 2008, 23(1): 280-287.

[6] Gilles J. Empirical Wavelet Transform[J]. IEEE Transactions on Signal Processing, 2013, 61 (16): 3999-4010.

[7] 李志农, 朱明, 褚福磊, 等. 基于经验小波变换的机械故障诊断方法研究[J]. 仪器仪表学报, 2014, 35(11): 2423-2432.

[8] Thirumala K, Umarikar A C, Jain T. Estimation of single-phase and three-phase power-quality indices using empirical wavelet transform [J]. Power Delivery, IEEE Transactions on, 2015, 30(1): 445-453.

[9] Amezquita-Sanchez J P, Adeli H. A new music-empirical wavelet transform methodology for time–frequency analysis of noisy nonlinear and non-stationary signals[J]. Digital Signal Processing, 2015, 45(C): 55-68.

[10] Guo X, Zhao H, Wang X. Phase retrieval from a single fringe pattern by using empirical wavelet transform[J]. Measurement Science & Technology, 2015, 26(9): 095208.

[11] 常广, 王毅, 王玮. 采用振动信号零相位滤波时频熵的高压断路器机械故障诊断[J]. 中国电机工程学报, 2013, 33(3): 155-162.

[12] 黄建, 胡晓光, 巩玉楠. 基于经验模态分解的高压断路器机械故障诊断方法[J]. 中国电机工程学报, 2011, 31(12): 108-113.

[13] Huang J, Hu X, Geng X. An intelligent fault diagnosis method of high voltage circuit breaker based on improved EMD energy entropy and multi-class support vector machine[J]. Electric Power Systems Research, 2011, 81(2): 400-407.

[14] Huang J, Hu X, Yang F. Support vector machine with genetic algorithm for machinery fault diagnosis of high voltage circuit breaker[J]. Measurement, 2011, 44(6): 1018-1027.

[15] 孙一航, 武建文, 廉世军, 等. 结合经验模态分解能量总量法的断路器振动信号特征向量提取[J]. 电工技术学报, 2014, 29(3): 228-236.

[16] 缪希仁, 吴晓梅, 石敦义, 等. 采用 HHT 振动分析的低压断路器合闸同期辨识[J]. 电工技术学报, 2014, 29(11): 154-161.

[17] 郭谋发, 徐丽兰, 缪希仁, 等. 采用时频矩阵奇异值分解的配电开关振动信号特征量提取方法[J]. 中国电机工程学报, 2014, 34(28): 4990-4997.

[18] 赵书涛, 张佩, 申路, 等. 高压断路器振声联合故障诊断方法[J]. 电工技术学报, 2014, 29(7): 216-221.

[19] Morgan I, Liu H, Tormos B, et al. Detection and diagnosis of incipient faults in heavy-duty diesel engines[J]. IEEE Transactions on Industrial Electronics, 2010, 57(10): 3522-3532.

[20] Neuzil J, Kreibich O, Smid R. A distributed fault detection system based on IWSN for machine condition monitoring[J]. IEEE Transactions on Industrial Informatics, 2014, 10(2): 1118-1123.

[21] Guo L, Zhao L, Wu Y, et al. Tumor detection in MR images using one-class immune feature weighted SVMs[J]. IEEE Transactions on Magnetics, 2011, 47(10): 3849-3852.

[22] 潘志松, 陈斌, 缪志敏, 等. One-Class 分类器研究[J]. 电子学报, 2009, 37(11): 2496-2503.

[23] Schölkopf B, Platt J C, Shawe-Taylor J, et al. Estimating the support of a high-dimensional distribution[J]. Neural computation, 2001, 13(7): 1443-1471.

[24] Ratnaweera A, Halgamuge S, Watson H C. Self-organizing hierarchical particle swarm optimizer with time-varying acceleration coefficients[J]. IEEE Transactions on Evolutionary Computation, 2004, 8(3): 240-255.

[25] Tax D M J, Duin R P W. Support vector domain description[J]. Pattern Recognition Letters, 1999, 20(s 11-13): 1191-1199.

[26] 付文龙, 周建中, 李超顺, 等. 基于模糊 K 近邻支持向量数据描述的水电机组振动故障诊断研究[J]. 中国电机工程学报, 2014, 34(32): 5788-5795.

[27] 唐炬, 林俊亦, 卓然, 等. 基于支持向量数据描述的局部放电类型识别[J]. 高电压技术, 2013, 39(5): 1046-1053.

[28] 孙文柱, 曲建岭, 袁涛, 等. 基于改进 SVDD 的飞参数据新异检测方法[J]. 仪器仪表学报, 2014, 35(4): 932-939.

[29] Tax D, Duin R. Support vector data description[J]. Machine Learning, 2004, 54(1): 45-66.

第3章　基于多层分类器的高压断路器机械故障诊断

3.1　高压断路器振动信号采集与特征提取

高压断路器分合闸动作期间产生的振动信号中包含了故障诊断的特征信息，将该故障特征信息准确提取出来，是获得高压断路器故障诊断准确结果的前提。由于断路器振动信号具有明显的瞬变性和非线性特征，其频率分布较广，传统的信号处理方法往往无法兼顾其时间和频率特性，需要采用更加先进的时频分析方法处理断路器振动信号。本章首先选择适当的振动传感器对断路器振动信号进行高采样率采样，然后采用变分模态分解算法将断路器振动信号分解为若干个模态，并计算模态矩阵的局部奇异值以构建故障诊断的特征向量。

3.1.1　基于变分模态分解的断路器振动信号处理

变分模态分解(variational mode decomposition，VMD)是2014年由Dragomiretskiy等提出的一种全新的信号自适应处理方法[1]。与经验模态分解(EMD)的递归筛分框架不同，VMD方法采用的是非递归的变分模型框架，通过对变分模型的求解获得各信号分量。与EMD的分解结果相似，VMD也是将信号分解为若干个固有模态函数分量，每个模态分量都有一个相对应的中心频率，即该模态分量为原始信号在某一中心频率附近的窄带分量。在求解变分问题时，VMD方法引入了交替方向乘子法，通过迭代方式搜寻变分模型的最优解，各模态及对应的中心频率在此迭代过程中不断得到更新。

VMD方法具有坚实的理论基础和良好的噪声鲁棒性，其信号分解性能在许多方面要优于EMD和小波变换。VMD算法已经应用于微波波导传播模式提取[2]、电能质量分类[3]、语音信号检测[4]及机械故障检测[5-8]等领域。

1. VMD原理

VMD对信号的分解实际上就是通过变分问题构造和求解来获得各模态分量。对于某一输入信号h，VMD将其分解为K个模态，每个模态主要围绕于一个中心频率ω_k。变分问题可以被描述为寻求K个模态分量m_k，使各模态的估计带宽之和最小，相应的约束条件为各模态分量之和等于原始信号h。

为了估计各个模态的带宽，需要进行以下处理：①对于每个模态分量m_k，采用

Hilbert 变换计算其相应的解析信号，以获得该模态的单边频谱；②通过对每个模态分量的解析信号乘以指数 $e^{-j\omega_k t}$，将其频谱调制到相应的估计中心频率；③通过对以上解调信号进行 H^1 高斯平滑处理，即进行信号梯度的 L^2 平方范数运算，可以估计出各模态信号的带宽。则受约束的变分问题构造如下[41]

$$
\begin{cases}
\min\limits_{\{u_k\},\{\omega_k\}} \left\{ \sum\limits_{k=1}^{K} \left\| \partial_t \left[\left(\delta(t) + \dfrac{j}{\pi t} \right) * m_k(t) \right] e^{-j\omega_k t} \right\|_2^2 \right\} \\
\text{s.t.} \ \sum\limits_{k=1}^{K} m_k = h
\end{cases}
\tag{3-1}
$$

式中，$\{m_k\}$ 为所有模态的集合，$\{m_k\} = \{m_1, m_2, \cdots, m_K\}$；$\{\omega_k\}$ 为各模态对应中心频率的集合，$\{\omega_k\} = \{\omega_1, \omega_2, \cdots, \omega_K\}$；$\delta(t)$ 为狄拉克函数；$*$ 为卷积运算。

为了使上述具有约束项的变分问题弱化为无约束项问题，VMD 引入了拉格朗日因子 α 和二次惩罚因子 η 重构约束项，其中 α 用来保证约束条件的严格性，η 使信号具有良好重构精度。则引入增广拉格朗日函数的表达式如下：

$$
L(\{m_k\}, \{\omega_k\}, \alpha)
$$
$$
= \eta \sum_{k=1}^{K} \left\| \partial_t \left[\left(\delta(t) + \frac{j}{\pi t} \right) * m_k(t) \right] e^{-j\omega_k t} \right\|_2^2 + \left\| h(t) - \sum_{k=1}^{K} m_k(t) \right\|_2^2 + \left\langle \alpha(t), h(t) - \sum_{k=1}^{K} m_k(t) \right\rangle
\tag{3-2}
$$

式(3-1)中的最小化问题可以通过求解式(3-2)中增广拉格朗日函数的鞍点来解决。为此，VMD 算法引入了交替方向乘子法(iternating direction method of multipliers，ADMM)，通过一系列的迭代子优化求解原始优化问题。ADMM 具体步骤如下。

(1) 初始化 $\{m_k^1\}$，$\{\omega_k^1\}$，α^1，$n = 0$。

(2) 令 $n = n+1$。

(3) 依次令 $k = 1, 2, \cdots, K$，对于每一个 k，按照以下方式依次更新 m_k。

$$
m_k^{n+1} \leftarrow \underset{m_k}{\arg\min}\, L(\{m_i^{n+1}\}_{i<k}, \{m_i^n\}_{i \geqslant k}, \{\omega_i^n\}, \alpha^n)
\tag{3-3}
$$

(4) 依次令 $k = 1, 2, \cdots, K$，对于每一个 k，按照以下方式依次更新 ω_k。

$$
\omega_k^{n+1} \leftarrow \underset{\omega_k}{\arg\min}\, L(\{m_i^{n+1}\}, \{\omega_i^{n+1}\}_{i<k}, \{\omega_i^n\}_{i \geqslant k}, \alpha^n)
\tag{3-4}
$$

(5) 按照以下方式更新 α。

$$
\alpha^{n+1} \leftarrow \alpha^n + \tau \left(h - \sum_{k=1}^{K} m_k^{n+1} \right)
\tag{3-5}
$$

(6) 重复步骤(2)～(5)，对于给定的迭代误差 e，迭代满足以下条件时停止：

$$\sum_k \left\| m_k^{n+1} - m_k^n \right\|_2^2 \Big/ \left\| m_k^n \right\|_2^2 < e \tag{3-6}$$

为了更新模态 m_k，将式(3-3)描述的子问题写为以下等价最小化问题：

$$m_k^{n+1} = \underset{m_k \in X}{\arg \min} \left\{ \eta \left\| \partial_t \left[\left(\delta(t) + \frac{\mathrm{j}}{\pi t} \right) * m_k(t) \right] \mathrm{e}^{-\mathrm{j}\omega_k t} \right\|_2^2 + \left\| h(t) - \sum_i m_i(t) + \frac{\alpha(t)}{2} \right\|_2^2 \right\} \tag{3-7}$$

式中，为方便起见，对于 $m_{i \neq k}$ 和 ω_k，分别省略了 $\cdot^{n+1}$ 和 $\cdot^n$，它们表示最新可用的更新结果。根据 Parseval/Plancherel 理论，将式(3-7)中的优化问题变换到频域为

$$\hat{m}_k^{n+1} = \underset{\hat{m}_k, m_k \in X}{\arg \min} \left(\eta \left\| \mathrm{j}\omega\{[1 + \mathrm{sgn}(\omega + \omega_k)]\hat{m}_k(\omega + \omega_k)\} \right\|_2^2 + \left\| \hat{h}(\omega) - \sum_i \hat{m}_i(\omega) + \frac{\hat{\alpha}(\omega)}{2} \right\|_2^2 \right) \tag{3-8}$$

在上式第一项中，用 $\omega - \omega_k$ 替换 ω，可得

$$\hat{m}_k^{n+1} = \underset{\hat{m}_k, m_k \in X}{\arg \min} \left(\eta \left\| \mathrm{j}(\omega - \omega_k)\{[1 + \mathrm{sgn}(\omega)]\hat{m}_k(\omega)\} \right\|_2^2 + \left\| \hat{h}(\omega) - \sum_i \hat{m}_i(\omega) + \frac{\hat{\alpha}(\omega)}{2} \right\|_2^2 \right) \tag{3-9}$$

利用原信号在重构保真项的埃尔米特对称特性，对式(3-9)在正频率区间上求积分为

$$\hat{m}_k^{n+1} = \underset{\hat{m}_k, m_k \in X}{\arg \min} \left\{ \int_0^\infty 4\eta(\omega - \omega_k)^2 \left| \hat{m}_k(\omega) \right|^2 + 2 \left| \hat{h}(\omega) - \sum_i \hat{m}_i(\omega) + \frac{\hat{\alpha}(\omega)}{2} \right|^2 \mathrm{d}\omega \right\} \tag{3-10}$$

不难求得该二次规划问题的解为

$$\hat{m}_k^{n+1}(\omega) = \frac{\hat{h}(\omega) - \sum_{i \neq k} \hat{m}_i(\omega) + \frac{\hat{\alpha}(\omega)}{2}}{1 + 2\eta(\omega - \omega_k)^2} \tag{3-11}$$

对 $\hat{m}_k(\omega)$ 进行傅里叶反变换，实部则为模态在时域的表现形式 $m_k(t)$。

根据式(3-2)可知，中心频率 ω_k 不出现在重构保真项，只出现在前面的带宽项，故 ω_k 的更新问题可以描述为

$$\omega_k^{n+1} = \underset{\omega_k}{\arg \min} \left\{ \left\| \partial_t \left[\left(\delta(t) + \frac{\mathrm{j}}{\pi t} \right) * m_k(t) \right] \mathrm{e}^{-\mathrm{j}\omega_k t} \right\|_2^2 \right\} \tag{3-12}$$

与前面 m_k^{n+1} 求解方式类似，将式(3-12)描述的优化问题变换到傅里叶域，可得

$$\omega_k^{n+1} = \underset{\omega_k}{\arg \min} \left\{ \int_0^\infty (\omega - \omega_k)^2 \left| \hat{m}_k(\omega) \right|^2 \mathrm{d}\omega \right\} \tag{3-13}$$

容易求得该二次规划问题的解为

$$\omega_k^{n+1} = \frac{\int_0^\infty \omega |\hat{m}_k(\omega)|^2 \, \mathrm{d}\omega}{\int_0^\infty |\hat{m}_k(\omega)|^2 \, \mathrm{d}\omega} \tag{3-14}$$

2. 基于 VMD 的断路器仿真信号分析

在分、合闸操作过程中，机械振动是由机构零部件的碰撞和摩擦产生的。通常来说，机构零部件间发生的一次碰撞或摩擦称为一个振动事件[9]。高压断路器振动信号是由一系列的不同振动事件产生的机械振动复合而成的，可以通过一组指数衰减的正弦信号描述[10]

$$V(t) = \sum_{i=1}^n A_i \mathrm{e}^{-\mu_i(t-t_i)} \sin[2\pi f_i(t-t_i)] \, \varepsilon(t-t_i) \tag{3-15}$$

式中，n 为振动事件个数；$\varepsilon(t)$ 为单位阶跃函数；A_i 为第 i 个振动事件的振幅；μ_i 为第 i 个振动事件的衰减系数；f_i 为第 i 个振动事件的振荡频率；t_i 为第 i 个振动事件的起始时间。

由于振动信号包含的振动事件个数及其振动规律都是未知的，为了验证采用的 VMD 方法对振动信号的分解性能，按照式(3-15)通过 MATLAB 仿真生成高压断路器振动信号。该振动仿真信号由五个振动事件 v1~v5 组成，各振动事件的参数如表 3-1 所示。由 5 个振动事件复合成的断路器振动仿真信号波形如图 3-1 所示，其中信号的采样率为 25.6kS/s。考虑到实际应用中可能会有噪声的存在，故在振动信号中添加了信噪比为 20dB 的高斯白噪声。

表 3-1 仿真振动信号各振动事件参数

振动事件	A_i	μ_i	f_i /Hz	t_i /ms
v1	0.15	80	1200	15
v2	0.2	50	3000	50
v3	0.3	95	4500	25
v4	1.0	75	5500	30
v5	0.5	60	7000	40

与 EMD 的分解结果类似，VMD 也是将原始信号分解为若干个子信号(模态)。为了证明采用的 VMD 方法在对高压断路器振动信号处理上具有优越的性能，同时采用 EMD 处理该振动信号，并比较 VMD 和 EMD 两种方法信号分解性能的好坏。此外，由于 EMD 算法存在模态混叠、端点效应等缺陷，目前许多研究提出了一些基于 EMD 的改进算法，如局部均值分解(local mean decomposition，LMD)、集成经验模态分解(ensemble EMD，EEMD)和具有自适应白噪声的完整集成经验模态分解(complete EEMD with adaptive noise，CEEMDAN)。

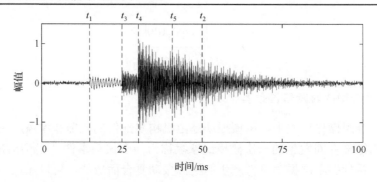

图 3-1   断路器振动仿真信号

鉴于上述基于 EMD 的改进算法在某些方面改善了信号处理能力，采用 VMD、EMD、LMD、EMMD 和 CEEMDAN 五种信号处理方法对振动仿真信号进行分解处理，以比较各方法的性能好坏。图 3-2 展示了振动仿真信号的振动事件分量和五种信号处理方法分解振动信号所得到的各分量。

在图 3-2 中，图(a)展示了构成振动信号的五个原始振动事件，它们与表 3-1 中的参数相对应；图(b)展示了采用 VMD 方法对振动信号分解得到的 5 个模态分量，而且各模态分量的波形与图(a)中各振动事件波形几乎完全一样；图(c)是采用 EMD 方法对振动信号分解得到的模态分量，其分量个数多达 10 个，存在多个虚假模态，而且前 2 个分量存在十分严重的模态混叠现象，没有能够反映某个原始振动事件的模态分量；图(d)是采用 LMD 方法对振动信号分解得到的模态分量，其分解结果与 EMD 方法类似，同样存在严重的模态混叠现象和无法反映原始振动事件的问题；图(e)是采用 EEMD 方法对振动信号分解得到的模态分量，虽然也存在模态混叠现象，但是与

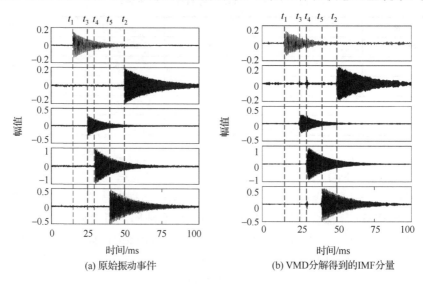

(a) 原始振动事件   (b) VMD分解得到的IMF分量

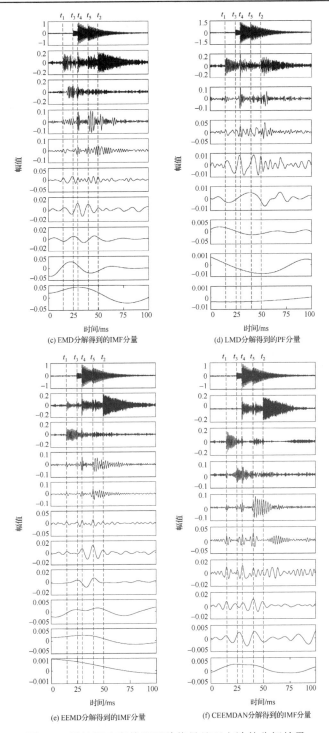

图 3-2 原始振动事件及五种信号处理方法的分解结果

EMD 相比，EEMD 在一定程度上降低了模态混叠的程度，而且图中第 3 个模态分量，大致能够反映图(a)中第 1 个原始振动事件；(f)图是采用 CEEMDAN 方法对振动信号分解得到的模态分量，与 EMD 和 EEMD 相比，CEEMDAN 算法降低模态混叠的能力更加突出，而且某些模态分量在对原始振动事件的反映上也相对更加贴切。

综上所述，采用 VMD 方法对断路器振动信号进行分解，能够准确地将各振动事件从复杂信号中分解出来，而采用 EMD、LMD、EEMD 和 CEEMDAN 方法获得的模态分量中存在多个虚假模态和模态混叠现象，这些方法均无法将原始振动事件从振动信号中分解出来。因此，采用 VMD 方法，更适合于高压断路器振动信号的分析和处理。

3. VMD 模态个数的确定方法

虽然 VMD 方法在信号处理方面具有优越的分析能力，但是也存在一个问题，就是需要预先设定分解的模态个数 K。VMD 各模态分量实际上是原信号在某一中心频率附近的不同时间尺度的分量信号。一般情况下，分解的模态个数越多，相应的中心频率个数也越多，则包含的频率成分就越丰富，从而由所有模态所重构的信号与原信号也就越接近。由于高压断路器实测振动信号包含的频率成分十分复杂，其频域分布范围很广，对断路器振动信号分析应该针对其主要振动事件开展，而不是分析所有振动成分。因此，可以通过比较 VMD 各模态重构信号与原信号的相似性测度来确定模态个数 K。

距离测度是常用的模式相似测度，此处选择归一化距离来衡量 VMD 重构信号与原信号之间的相似程度。假设有两个离散信号 $p = \{p_1, p_2, \cdots, p_n\}$ 和 $q = \{q_1, q_2, \cdots, q_n\}$，则归一化距离定义如下[11]：

$$d(p,q) = \frac{\|p - q\|}{\|p\| + \|q\|} = \frac{\left[\sum_{i=1}^{n}(p_i - q_i)^2\right]^{1/2}}{\left(\sum_{i=1}^{n} p_i^2\right)^{1/2} + \left(\sum_{i=1}^{n} q_i^2\right)^{1/2}} \quad (3\text{-}16)$$

归一化距离定量描述了两个信号之间相似程度的大小，归一化距离越大，两个信号的差别就越大；归一化距离越小，两个信号的差别就越小，信号越相似。

以前文所提到的振动仿真信号为例，采用比较 VMD 重构信号和原始信号归一化距离的方法确定 VMD 分解的模态个数 K。将仿真振动信号在不同 K 值下进行 VMD 分解，并根据得到的各模态分量重构信号。计算不同 K 值下 VMD 重构信号与原始信号的归一化距离，如图 3-3 所示。

由图 3-3 可知，从 K 为 5 开始起，随着模态数 K 的增加，归一化距离数值几乎不再变化，保持在一个接近于零的数值。这说明当 VMD 分解模态个数 K=5 时，VMD

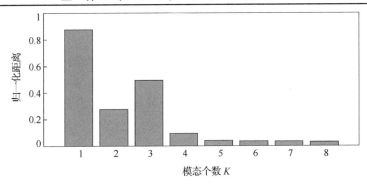

图 3-3　不同 K 值下 VMD 重构信号与原始信号的归一化距离

重构信号已经与原信号保持了极大的相似度，并且随着 K 的增大，两个信号之间的相似性并没有明显的增加，即此时 VMD 重构信号已经包含了原始信号中的所有主要信息特征。为了能够有效分解信号，且不致分解过度，此处的分解模态数 K 选为 5，这刚好与原始振动信号包含的振动事件个数相一致，说明本方法是有效的。

3.1.2　基于局部奇异值分解的特征提取

1. 奇异值分解

奇异值分解（singular value decomposition，SVD）[12]是一种重要的矩阵分解方法，在信号的特征提取中有着广泛应用。按照奇异值分解理论，对于一个 $m \times n$ 维的矩阵 $A(A \in \mathrm{R}^{m \times n})$，必定存在两个正交的矩阵 $U_{m \times m}$ 和 $V_{n \times n}$ 以及一个对角矩阵 Λ，满足

$$\begin{cases} A = U \begin{bmatrix} \Lambda & 0 \\ 0 & 0 \end{bmatrix} V^{\mathrm{T}} \\ \Lambda = \mathrm{diag}(\lambda_1, \lambda_2, \cdots, \lambda_r), \quad r = \mathrm{rank}(A) \end{cases} \tag{3-17}$$

其中，$\lambda_i(i = 1, 2, \cdots, r)$ 称为矩阵 A 的奇异值，且 $\lambda_1 \geqslant \lambda_2 \geqslant \cdots \geqslant \lambda_r \geqslant 0$。奇异值往往对应着矩阵中隐含的重要信息，且重要性和奇异值大小有关，奇异值越大越重要。

矩阵奇异值分解有以下性质。

假设矩阵 $A, B \in \mathrm{R}^{m \times n}$，$A$ 和 B 经奇异值分解后的奇异值分别为 $\lambda_1 \geqslant \lambda_2 \geqslant \cdots \geqslant \lambda_R \geqslant 0$ 和 $\sigma_1 \geqslant \sigma_2 \geqslant \cdots \geqslant \sigma_R \geqslant 0$，其中 $R = \min(m, n)$，则有

$$\left| \lambda_i - \sigma_i \right| \leqslant \|A - B\|_2, \quad i = 1, 2, \cdots, R \tag{3-18}$$

式 (3-18) 表明，当矩阵 A 有微小扰动时，矩阵奇异值的变化不会大于扰动矩阵的谱半径。也就是说，矩阵的奇异值对于矩阵元素的扰动变化是不敏感的，具有相对稳定性。

2. 局部奇异值特征向量

对于一个 N 点的采样序列，经 VMD 处理后，其结果为一个由 K 个模态分量组成的时-频矩阵，每个模态分量的数据长度也为 N，则该时频矩阵的维度为 $K \times N$。文献[13]的研究表明，直接对整个矩阵进行奇异值分解，求得的奇异值并不包含该矩阵的细节和局部特征，并含有较多的冗余信息。而对于高压断路器某些故障，如延时故障，整个矩阵的奇异值往往不能体现出故障信息特征。因此，必须对奇异值提取方法加以改进，获得更加有效的奇异值特征。为获得高压断路器振动信号在不同时间段的局部状态信息，提出一种局部奇异值分解方法，其步骤如下。

(1)采用 VMD 方法对断路器振动信号进行分解，获得由各模态分量组成的时-频矩阵。

(2)对上述时-频矩阵，在时间上均匀分割为 T 段，得到 T 个子矩阵，其中每个子矩阵的大小为 $K \times (N/T)$。

(3)对上述 T 个子矩阵分别进行矩阵奇异值分解，获得相应的奇异值序列。

(4)各个子矩阵的奇异值序列都是从大到小排列的,而各序列数值上的衰减是很快的。因此，选择各个子矩阵的最大奇异值 $\lambda_{i\max}$，构造特征向量 $F = [\lambda_{1\max}, \lambda_{2\max}, \cdots, \lambda_{T\max}]$。

选用局部奇异值构建高压断路器振动信号的特征向量，不仅能够刻画不同振动信号之间的特征差异，而且可以大致反映原始信号在时域的变化规律，更加有利于分类器的识别和分类。

3.2 基于多层分类器的故障分类方法研究

在通过振动信号分析开展的高压断路器故障诊断研究中，提取振动信号的特征后，需要将其输入到分类中，对其状态进行识别与分类。在目前的研究中，常选用支持向量机实现对故障的识别分类。在采用支持向量机进行故障诊断时，需要首先对其进行样本训练以获得相应的分类器模型。然而在实际的工程应用中，断路器机械故障类型繁多，且断路器不经常动作，有些故障类型的训练样本无法得到。当出现未记录到的新故障类型时，由于支持向量机缺少相应的样本训练，必然会将其识别为正常状态或其他错误的故障类型。考虑到这个问题，这里引入单类分类器，将其和多类分类器联合使用，在保证良好诊断性能的同时，能够有效解决传统分类器无法对出现未知类型故障进行准确识别的缺陷。本节介绍支持向量机算法原理，分析现有研究只采用多类分类器进行故障诊断存在的问题，在此基础上，提出采用基于支持向量机和单类支持向量机的多层分类器的故障诊断方法。

3.2.1　支持向量机和单类支持向量机原理

支持向量机（SVM）是 Vapnik 等于 1995 年提出的一种机器学习方法，十分适用于小样本和非线性分类问题[14]。SVM 的基本原理是通过核函数将数据样本映射到高维特征空间中，使其线性可分，然后通过线性划分思想来确定其分类边界。SVM 线性划分思想的基本原理如图 3-4 所示。

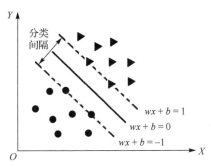

图 3-4　SVM 分类原理

假设训练样本集 $(x_i, y_i)(i = 1, 2, \cdots, l; x_i \in R^d, y_i \in \{-1, 1\})$ 由两个类别组成。若存在分类超平面 $w \cdot x + b = 0$ 能够将样本正确地分为两类，则称该样本集是线性可分的，即满足

$$\begin{cases} w \cdot x_i + b \geqslant 1, & y_i = 1 \\ w \cdot x_i + b \leqslant -1, & y_i = -1 \end{cases}, \quad i = 1, 2, \cdots, l \tag{3-19}$$

满足 $|w \cdot x_i + b| = 1$ 的样本点叫作支持向量，它们距离超平面距离最小。两类支持向量之间距离为 $2/\|w\|$，即分类间隔为 $2/\|w\|$。SVM 目标为在满足式 (3-19) 的约束条件下寻求最优超平面，使得 $2/\|w\|$ 最大，即 $\|w\|^2/2$ 最小：

$$\begin{cases} \min\limits_{w,b} \dfrac{1}{2}\|w\|^2 \\ \text{s.t.} \ \ y_i(w \cdot x_i + b) \geqslant 1, & i = 1, 2, \cdots, l \end{cases} \tag{3-20}$$

在很多情况下，由于样本集中出现异常点而使得该样本集线性不可分。为此，SVM 通过引入松弛变量 ξ_i，使得约束条件弱化为 $y_i(w \cdot x_i + b) \geqslant 1 - \xi_i$，同时加入惩罚因子 C 来控制对错误分类的惩罚程度。则目标函数变化为

$$\begin{cases} \min\limits_{w,b} \dfrac{1}{2}\|w\|^2 + C\sum\limits_{i=1}^{l}\xi_i \\ \text{s.t.} \ \ y_i(w \cdot x_i + b) \geqslant 1 - \xi_i, & i = 1, 2, \cdots, l \end{cases} \tag{3-21}$$

该问题可以通过求解拉格朗日函数的鞍点得到，构造拉格朗日函数如下：

$$L(w,b,\alpha_i) = \frac{1}{2}\|w\|^2 - \sum_{i=1}^{l}\alpha_i[y_i(w \cdot x_i + b) - 1] \qquad (3\text{-}22)$$

式中，α_i 是拉格朗日系数，$\alpha_i > 0$。

依据对偶理论，可将式(3-22)转化为以下对偶问题：

$$\begin{cases} \max\ Q(\alpha) = \sum_{i=1}^{l}\alpha_i - \frac{1}{2}\sum_{i=1}^{l}\sum_{j=1}^{l}\alpha_i\alpha_j y_i y_j(x_i \cdot x_j) \\ \text{s.t. } \sum_{i=1}^{l}\alpha_i y_i = 0, \qquad 0 \leqslant \alpha_i \leqslant C \end{cases} \qquad (3\text{-}23)$$

通过求解二次规划问题，可以得到式(3-23)的最优解 $\alpha = [\alpha_1, \alpha_2, \cdots, \alpha_l]^{\mathrm{T}}$，进而可求得最优的 w 和 b：

$$\begin{cases} w = \sum_{i=1}^{l}\alpha_i x_i y_i \\ b = -\frac{1}{2}w(x_r + x_s) \end{cases} \qquad (3\text{-}24)$$

式中，x_r 和 x_s 为任意的两个支持向量。

则最优决策函数为

$$f(x) = \text{sgn}\left[\sum_{i=1}^{l}\alpha_i y_i(x_i \cdot x) + b\right] \qquad (3\text{-}25)$$

对于非线性问题，可以利用映射 $\phi(x)$ 将低维空间中的样本映射为高维特征空间中，数据样本在高维特征空间中变得线性可分。定义核函数如下：

$$K(x_i, x_j) = \phi(x_i) \cdot \phi(x_j) \qquad (3\text{-}26)$$

映射到高维空间后，式(3-23)中的对偶问题可改写为

$$\begin{cases} \max\ Q(\alpha) = \sum_{i=1}^{l}\alpha_i - \frac{1}{2}\sum_{i=1}^{l}\sum_{j=1}^{l}\alpha_i\alpha_j y_i y_j K(x_i, x_j) \\ \text{s.t. } \sum_{i=1}^{l}\alpha_i y_i = 0, \qquad 0 \leqslant \alpha_i \leqslant C \end{cases} \qquad (3\text{-}27)$$

则此时的决策方程为

$$f(x) = \text{sgn}\left[\sum_{i=1}^{l} \alpha_i y_i K(x_i), x_j + b\right] \tag{3-28}$$

单类支持向量机原理详见 2.3.2 节。

3.2.2　多层分类器的构建和诊断流程

在高压断路器故障诊断的现有研究中，一般是将正常状态和两到三种不同的故障样本作为分类器的训练样本，然后输入到 SVM 或人工神经网络等传统多类分类器中进行训练。测试样本的归属类型就是通过训练好的多类分类器进行判断而得到的。然而，对训练样本的依赖过高是传统多类分类器普遍存在的缺陷，该缺陷将会在很大程度上影响这些方法的准确率。

在实际的工程应用中，当出现无训练样本故障类型或轻微故障类型时，分类器容易将它们误判为正常状态。传统多类分类器过度依赖训练样本主要体现在以下方面。①传统多类分类器进行多类别分类时，需采用对应类别的样本对分类器进行训练，然而高压断路器的机械故障类型繁多，实验中难以获得足够多类型的故障样本，因而会造成传统多类分类器在缺失某些类型的故障训练样本时极容易将该类故障误识别为正常状态；②训练样本数量和分布情况也在很大程度上影响分类器的分类性能，由于一些故障类型的样本（如掣子扣入深度异常、分（合）闸线圈铁芯撞杆变形等）因获取代价太高而难以通过实验大量获得，所以不同严重程度的故障无法全面覆盖，会造成分类边界因为实例类别的不平衡而发生偏离，多类分类器容易将轻微故障误判为正常状态。

OCSVM 可以只使用一类样本训练，只使用正常样本训练 OCSVM 时，就可以有效地将故障状态识别出来，不管该故障状态是否存在相应的样本积累。而当采用几种可获得的故障样本训练 OCSVM 时，OCSVM 可以把测试样本中新的故障类型检测出来。因此，考虑到实际应用中出现未知类型故障的情况，为了能够对未知故障进行准确识别，需构建一种基于 OCSVM 和 SVM 的多层分类器以实现断路器机械故障诊断功能。

此处采用的多层分类器由两层 OCSVM 和一层 SVM 构成。由正常样本训练的单类分类器 OCSVM1 用来判断待测样本是否发生故障；若此样本为故障样本，再采用由所有可获得的已知故障类型样本训练的单类分类器 OCSVM2 判断该故障属于已知故障类型还是未知故障类型；若为已知故障类型，采用各类已知类型故障样本训练的多类分类器 SVM 识别其具体故障类型。提出的高压断路器机械故障诊断流程如图 3-5 所示。

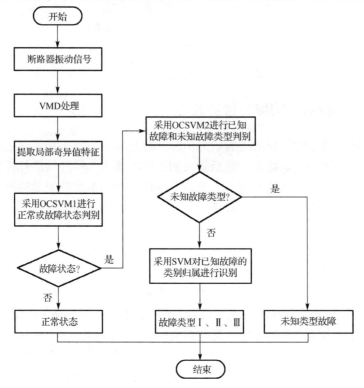

图 3-5　高压断路器机械故障诊断流程

3.3　高压断路器故障诊断实例分析

前文介绍了通过对断路器振动信号进行分析来获得断路器机械状态情况的诊断方案，该方案主要包括振动信号采集、振动信号特征提取和断路器状态识别三个部分。针对以上三个部分，搭建断路器振动信号采集平台，采用先进的时频分析工具 VMD 算法处理振动信号以提取信号特征，并构建基于 OCSVM 和 SVM 的多层分类器对断路器机械状态进行识别。为了验证所用方法的有效性，通过人为方式制造了三种典型的断路器机械故障，开展高压断路器在正常和三种故障状态下的实例诊断实验。

3.3.1　实测振动信号特征分析

使用图 3-3 所示振动信号采集系统来采集高压断路器振动信号，系统采样率为 25.6kHz，从接收到分闸信号时刻开始计数，取前 150ms 振动信号数据。在实验现场通过对高压断路器进行人为干预，模拟制造三种高压断路器机械故障类型：铁芯卡涩故障(故障Ⅰ)；基座螺丝松动故障(故障Ⅱ)；拐臂润滑不良故障(故障Ⅲ)。由于过度的分合闸操作会对高压断路器造成损害，在相同条件下进行多次振动数据采集工作，共获得正常和三种故障状态下的振动数据各 40 组。

四种不同类型的高压断路器振动信号波形如图 3-6 所示。

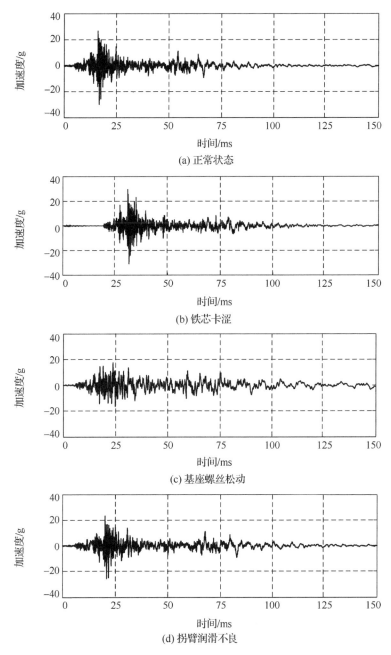

图 3-6 不同类型的高压断路器振动信号波形

由图 3-6 可见，四种不同类型的高压断路器振动信号在波形上存在明显的差异。同正常信号相比，铁芯卡涩故障的振动事件在时间轴上发生了明显的右移，这表明铁芯卡涩故障是一种动作延时故障；基座螺丝松动故障振动信号的振幅比正常信号的振幅低很多，且其振动相对松散，这表明基座螺丝松动故障的振动频率相对较低；拐臂润滑不良故障信号的振动波形与正常信号看上去相差不大，但其振动过程比正常情况下的振动过程为长，说明拐臂润滑不良故障在一定程度上延长了断路器动作的行程时间。

在使用 VMD 处理以上振动信号之前，需要确定所分解的模态个数。按照上文中提出的通过比较 VMD 重构信号与原始信号之间的归一化距离来确定 VMD 所分解的模态个数的方法，对四种振动信号在不同模态数 K 下进行 VMD 分解，计算相应的重构信号与原信号的归一化距离，如图 3-7 所示。

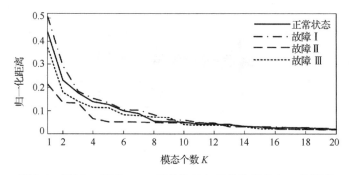

图 3-7 不同 K 值下 VMD 重构信号与原始信号的归一化距离

由图 3-7 可以看出，随着 VMD 分解的模态个数 K 的增加，四种不同类型的振动信号的归一化距离都在减小。当 K 大于 10 时，这些变化趋于平缓，四种信号的归一化距离也大致相同，维持在一个较小数值。因此，为了保证以上四种信号都能得到有效分解，选择分解的模态个数为 $K=10$。

对上述四种高压断路器振动信号进行 VMD 处理，得到对应的模态，如图 3-8 所示。在图 3-8 中，四种振动信号经 VMD 分解得到的模态均是从上到下按照中心频率依次递增的方式排列的。通过比较可以发现，铁芯卡涩故障信号经 VMD 分解后得到各个模态在时域分布上也具有明显的延迟现象；基座螺丝松动故障信号的前三个模态具有较大的值，说明该故障信号的频率分量主要集中在低频部分；机械润滑不良故障信号的各模态与正常信号各模态分量较为相似，不过每个模态分量在时间上与正常信号对应模态有所差异，也大致反映了该故障状态下的振动过程相对长于正常状态。

通过对振动信号的各模态分量组成的矩阵进行局部奇异值分解，可以构建故障诊断的局部奇异值特征向量。为了能够准确而细致地反映出不同类型的信号在时间上的差异，又不至于特征向量维度过大，将 VMD 模态矩阵沿时间平均划分为 30 个子矩阵，然后对各个子矩阵进行奇异值分解，并选择各子矩阵的最大奇异值构建特征向量。

　　正常和三种故障状态下的振动信号局部奇异值特征向量如表 3-2 所示，特征向量分布如图 3-9 所示。为清晰起见，每类信号只展示了 3 组特征向量。

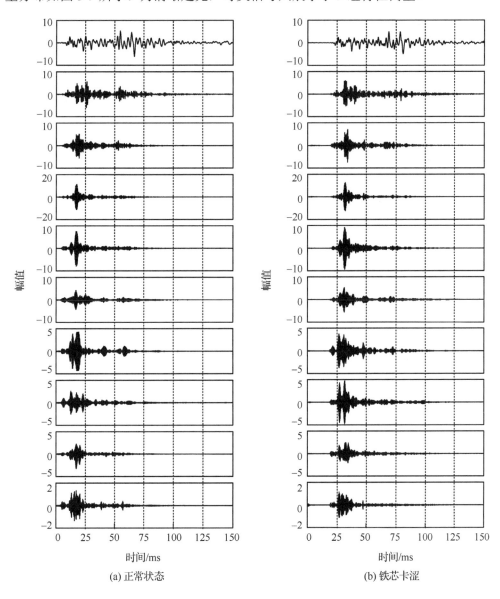

(a) 正常状态　　　　　　　　　　(b) 铁芯卡涩

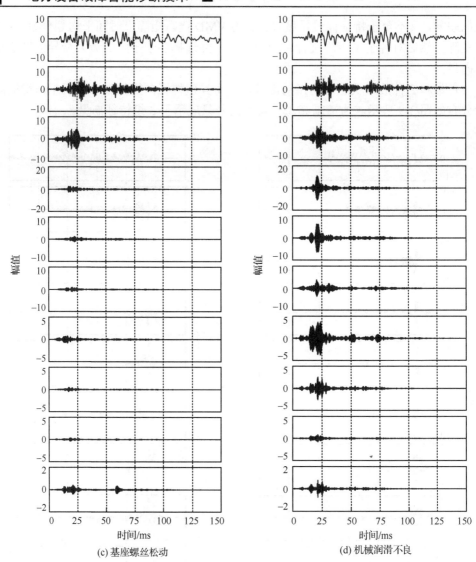

图 3-8　不同类型的振动信号经 VMD 分解得到的模态

表 3-2　正常和三种故障信号的局部奇异值特征向量

序号	正常			故障 I			故障 II			故障 III		
1	1.95	2.20	3.10	1.72	1.70	2.12	1.10	1.01	1.10	1.84	1.36	1.21
2	8.71	10.90	9.38	0.90	1.13	1.05	6.27	6.61	6.10	6.95	5.32	3.91
3	24.25	32.90	25.25	0.70	0.59	0.61	18.75	13.57	15.21	19.21	17.97	19.18
4	77.76	90.70	77.46	1.59	3.84	2.58	22.14	22.69	21.42	26.56	21.51	32.26
5	32.31	38.51	39.19	8.61	10.86	9.15	37.44	28.14	22.95	78.73	81.05	71.45

续表

序号	正常			故障Ⅰ			故障Ⅱ			故障Ⅲ		
6	35.65	38.24	24.76	28.13	31.55	31.94	42.33	37.48	35.11	30.66	31.45	35.79
7	14.26	19.99	12.91	82.62	96.23	93.23	35.92	37.09	29.99	42.71	42.94	39.81
8	17.94	19.41	11.31	32.68	38.91	34.67	21.52	26.57	22.13	22.41	21.72	22.41
9	15.38	14.39	11.62	24.70	28.11	29.83	22.27	20.25	15.33	14.64	17.08	14.97
10	17.56	15.29	14.97	15.25	16.42	15.9	17.63	13.53	17.25	18.01	21.09	18.39
11	36.50	25.22	35.44	15.83	23.16	13.03	22.14	25.75	19.48	17.04	14.31	13.42
12	23.37	24.99	15.69	13.88	17.41	11.26	24.55	17.87	21.99	12.36	11.50	14.10
13	33.43	29.72	27.94	15.25	17.53	14.22	27.63	29.27	27.62	22.55	20.92	18.98
14	38.85	26.01	31.65	31.18	30.34	36.38	26.46	28.97	26.85	39.32	26.33	27.35
15	19.58	17.94	20.01	22.88	20.41	21.84	26.29	26.80	29.06	25.54	25.97	24.50
16	18.06	12.82	14.90	31.63	26.58	34.34	22.82	30.08	31.73	30.28	26.62	28.84
17	19.43	18.79	19.22	35.24	29.49	35.26	20.18	22.10	29.52	48.06	39.32	35.43
18	14.72	9.23	14.12	17.61	13.04	19.26	16.88	19.68	14.55	20.25	15.02	15.71
19	11.46	6.72	7.71	12.87	13.20	17.21	23.74	22.90	29.16	16.65	12.64	13.17
20	8.44	7.90	8.99	17.07	14.48	20.24	20.28	11.84	16.35	18.68	12.08	14.78
21	6.58	5.38	8.01	12.16	10.20	15.54	18.26	16.31	15.64	21.84	17.94	19.66
22	6.46	5.82	6.21	8.13	8.42	7.10	11.53	20.12	14.91	11.51	7.99	10.91
23	3.88	2.88	4.03	8.35	8.81	8.34	17.84	12.58	14.18	16.68	10.7	9.02
24	4.89	5.97	4.13	4.99	5.31	7.96	13.4	13.28	14.09	7.01	6.27	6.32
25	3.71	3.87	3.06	4.29	4.05	4.99	11.58	13.53	8.72	9.39	7.79	9.13
26	3.01	3.08	2.42	3.16	3.24	3.12	4.56	9.53	6.81	6.63	4.69	5.99
27	3.15	2.72	1.83	6.07	5.80	3.32	10.79	9.79	12.91	7.58	5.42	6.15
28	5.48	4.89	6.11	4.41	3.29	1.70	9.91	8.92	7.61	3.48	2.11	2.38
29	6.20	5.80	4.47	4.46	2.90	2.05	7.39	11.57	9.78	4.41	3.17	2.99
30	7.26	6.78	5.22	4.46	4.81	1.58	15.32	13.95	15.51	5.14	5.03	6.35

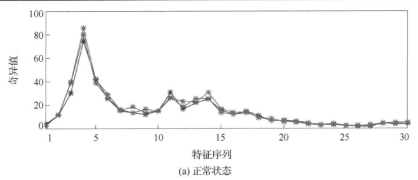

(a) 正常状态

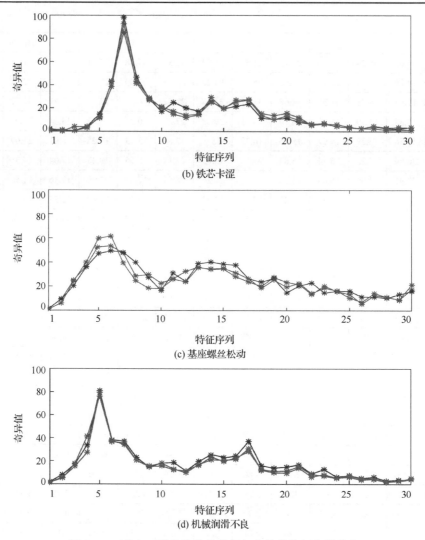

图 3-9　正常和 3 种故障信号的局部奇异值特征向量分布

由图 3-9 可以看出，不同类型的振动信号，其局部奇异值特征向量也具有明显的差异。例如，正常信号特征向量的峰值出现在第 4 个特征，而其他三种故障信号的峰值分别出现在第 7、第 6 和第 5 个特征。将这些特征向量输入到分类器中，分类器能够根据不同信号特征向量间的差异实现分类功能。此外，通过对比图 3-6 和图 3-9 可以发现，该特征向量大致反映了相应的原始振动信号在时间上的能量分布。

为验证局部奇异值特征在本研究中的有效性，另外使用整体奇异值分解方法提取故障诊断的特征向量，即直接对整个 VMD 模态矩阵奇异值分解，得到 K (此处 $K=10$) 个奇异值[15]。四种振动信号的奇异值特征向量如图 3-10 所示。

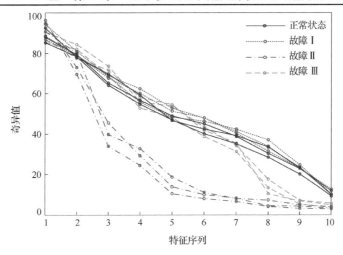

图 3-10　四种振动信号的整体奇异值特征向量

由图 3-10 可见，对整个矩阵进行奇异值分解，难以区分正常信号与铁芯卡涩故障(故障Ⅰ)信号。这是因为铁芯卡涩故障实质上是一种动作延时故障，它包含了正常信号所有的振动规律。换句话说，铁芯卡涩故障信号的模态矩阵几乎包含了正常信号模态矩阵中所有的主要元素。因此，得到的矩阵奇异值往往与正常信号奇异值十分接近。此外，与所提局部奇异值方法相比，该方法不能直接反映原始信号在时间上的振动规律。因此，局部奇异值分解方法更适合高压断路器振动信号特征的提取。

3.3.2　诊断结果及分析

将实测振动信号的局部奇异值特征向量输入到多层分类器中可以实现故障分类功能。此处构建了基于 OCSVM 和 SVM 的多层次分类器，包含 OCSVM1、OCSVM2 和 SVM。首先，要对各独立分类器进行训练。对于每类振动信号，从 40 组振动数据中随机选择 20 组作为训练样本，另外 20 组作为训练样本。OCSVM1 使用正常训练样本训练，OCSVM2 和 SVM 使用三种可得到故障训练样本训练。由于 SVM 和 BPNN 在断路器故障诊断中应用最多且取得了良好的分类效果，因此比较多层分类器方法与 SVM 和 BPNN 方法在本研究中的分类效果，如表 3-3 所示。其中，"新型故障"是指实际诊断中可能出现的缺少相应训练样本的新的故障类型。

表 3-3　采用不同分类方法的故障诊断结果

分类器	样本类型	正常	故障Ⅰ	故障Ⅱ	故障Ⅲ	新型故障	分类准确率/%
多层分类器	正常	18	0	0	2	0	90
	故障Ⅰ	0	20	0	0	0	100
	故障Ⅱ	0	0	20	0	0	100
	故障Ⅲ	0	0	0	20	0	100

续表

分类器	样本类型	正常	故障Ⅰ	故障Ⅱ	故障Ⅲ	新型故障	分类准确率/%
SVM	正常	18	0	0	2	—	90
	故障Ⅰ	0	19	0	1	—	95
	故障Ⅱ	0	0	20	0	—	100
	故障Ⅲ	3	0	0	17	—	85
BPNN	正常	17	0	0	3	—	85
	故障Ⅰ	0	18	0	2	—	90
	故障Ⅱ	1	0	19	0	—	95
	故障Ⅲ	3	0	0	17	—	85

由表 3-3 可以看出，采用基于 OCSVM 和 SVM 的多层分类器方法能够把三种不同类型的故障状态全部正确地识别出来，其准确率达到 100%。使用 SVM 方法将 1 个故障Ⅰ的样本误识别为故障Ⅲ的样本，将 3 个故障Ⅲ的样本误识别为正常样本，使其对应的分类准确率分别降低为 95% 和 85%。而采用 BPNN 方法得到的诊断结果，其总体准确率都低于多层分类器和 SVM 方法。这说明采用多层分类器方法具有更高的故障识别能力。对于正常样本，使用多层分类器和 SVM 方法均有 2 个样本被误识别为故障状态，而 BPNN 方法有 3 个样本被误识别。对于高压断路器来说，将正常样本识别为故障样本并不会引起事故和停电损失，即设备的运行可靠性并没有降低。因此，新方法能够在保障高压断路器可靠性的同时，提高故障诊断的准确率。

为了验证采用局部奇异值特征向量能够更加有效反映断路器振动信号故障特征，此处选择 VMD 模态矩阵的整体奇异值构建故障诊断特征向量，并采用多层分类器、SVM 和 BPNN 对其进行故障诊断，诊断结果如表 3-4 所示。

表 3-4　使用整体奇异值特征的故障分类结果

分类器	样本类型	正常	故障Ⅰ	故障Ⅱ	故障Ⅲ	新型故障	分类准确率/%
多层分类器	正常	14	5	0	0	1	70
	故障Ⅰ	5	15	0	0	0	75
	故障Ⅱ	0	0	20	0	0	100
	故障Ⅲ	0	3	0	17	0	85
SVM	正常	13	7	0	0	—	65
	故障Ⅰ	8	11	0	1	—	55
	故障Ⅱ	0	0	20	0	—	100
	故障Ⅲ	3	1	0	16	—	80
BPNN	正常	12	7	0	1	—	60
	故障Ⅰ	7	11	0	2	—	55
	故障Ⅱ	1	0	19	0	—	95
	故障Ⅲ	2	2	0	16	—	80

通过对比表 3-3 和表 3-4 可发现，使用整体奇异值分解特征提取方法的故障诊断准确率远远低于采用局部奇异值分解方法。这说明整体矩阵奇异值分解方法不能有效反映断路器振动信号的故障特征，不适合于高压断路器振动信号特征的提取。此外应注意到，尽管在特征选择不合适的情况下，采用基于 OCSVM 和 SVM 的多层分类器的整体分类准确率仍然高于传统的 SVM 和 BPNN 方法。

在实际应用中，会出现之前没有记录到的故障类型的情况，即测试样本中出现新的故障类型。对于该类故障，是没有相应的故障训练样本的。为了验证在这种情况下，所提方法和传统方法的诊断性能好坏，依次假设故障Ⅰ、故障Ⅱ和故障Ⅲ为新型故障，其余两类故障为可获得训练样本的已知故障类型。当选择故障Ⅰ为新型故障时，则故障Ⅰ的训练样本不参与 OCSVM2 和 SVM 的训练，当选其他故障类型为新型故障时，训练方式也与之对应。三种故障类型依次被选为新型故障时，其故障诊断结果依次如表 3-5、表 3-6 和表 3-7 所示。为了验证对新故障的诊断能力，此处只以被选为新型故障的测试样本测试诊断效果。

表 3-5　故障Ⅰ为新型故障时的故障诊断结果

分类器	正常	故障Ⅱ	故障Ⅲ	新型故障	故障判别准确率/%	故障分类准确率/%
多层分类器	0	0	0	20	100	100
SVM	7	0	13	—	65	0
BPNN	6	1	13	—	70	0

表 3-6　故障Ⅱ为新型故障时的故障诊断结果

分类器	正常	故障Ⅰ	故障Ⅲ	新型故障	故障判别准确率/%	故障分类准确率/%
多层分类器	0	0	0	20	100	100
SVM	7	2	11	—	65	0
BPNN	8	2	10	—	60	0

表 3-7　故障Ⅲ为新型故障时的故障诊断结果

分类器	正常	故障Ⅰ	故障Ⅱ	新型故障	故障判别准确率/%	故障分类准确率/%
多层分类器	0	0	0	20	100	100
SVM	20	0	0	—	0	0
BPNN	20	0	0	—	0	0

由上面三个表可知，多层分类器能够将新型故障判断为故障状态，并将其识别为新型故障；而 SVM 和 BPNN 只能部分地将新型故障判别为故障状态，而无法将其识别为新型故障，对于故障Ⅲ为新型故障时，SVM 和 BPNN 将其全部误识别为正常状态，大大降低了故障诊断的可靠性。因此，提出的基于 OCSVM 和 SVM

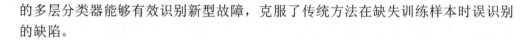

的多层分类器能够有效识别新型故障，克服了传统方法在缺失训练样本时误识别的缺陷。

3.4 本 章 小 结

高压断路器振动信号包含了重要的设备状态信息，通过对断路器振动信号展开分析，可以获得断路器的故障诊断结果。本章研究工作主要包括以下方面。

(1) 根据高压断路器动作特点，研究了采用振动信号分析的断路器故障诊断机理。在此基础上，设计断路器机械故障诊断方案。该方案以断路器振动信号为状态监测对象，采用先进的现代信号处理技术处理振动信号以提取信号特征向量，并采用模式识别技术对断路器状态进行识别和分类。

(2) 介绍了高压断路器振动信号的采集原理，并选择合适的振动传感器和相关信号采集设备搭建振动信号采集平台。针对高压断路器振动信号具有强烈瞬变性的特点，采用 VMD 方法对断路器振动信号进行分解处理，以便提取信号特征。通过比较 VMD 和 EMD、EEMD 等方法对仿真生成的断路器振动信号的分解性能，证明 VMD 方法能够有效分解出各主要振动事件，更适用于高压断路器振动信号的分析。通过对 VMD 时频矩阵进行局部奇异值分解，构建故障诊断的局部奇异值特征向量。对比实验证明，相对于整体奇异值分解方法，局部奇异值分能够更加有效地反映振动信号的故障特征。

(3) 介绍了 SVM 的分类原理，提出了基于单类分类器和多类器联合使用的高压断路器状态识别方法。构建了基于 SVM 和 OCSVM 的多层分类器，采用正常样本训练单类分类器 OCSVM1 可以对断路器正常或故障状态进行有效辨别，能够更加准确地检测出故障状态；采用所有可得到故障样本训练的 OCSVM2 可以用来区分测试故障样本是已知类型故障还是未知类型故障，能够有效将未知类型的故障检测出来；在此基础上，采用 SVM 对已知类型的故障进行分类，可以避免将未知类型故障误识别为正常状态或已知类型故障的缺陷。诊断实例结果证明，通过将单类分类器与传统多类分类器相结合的方法，克服了传统多类分类器对训练样本依赖过高的缺陷，提高了故障诊断的可靠性。

参 考 文 献

[1] Dragomiretskiy K, Zosso D. Variational mode decomposition [J]. IEEE Transactions on Signal Processing, 2013, 62(3): 531-544.

[2] Yin A, Ren H. A propagating mode extraction algorithm for microwave waveguide using variational mode decomposition [J]. Measurement Science & Technology, 2015, 26(9): 095009.

[3] Abdoos A A, Mianaei P K, Ghadikolaei M R. Combined VMD-SVM based feature selection method for classification of power quality events [J]. Applied Soft Computing, 2016, 38(C): 637-646.

[4] Upadhyay A, Pachori R B. Instantaneous voiced/nonvoiced detection in speech signals based on variational mode decomposition [J]. Journal of the Franklin Institute, 2015, 352(7): 2679-2707.

[5] Wang Y, Markert R, Xiang J, et al. Research on variational mode decomposition and its application in detecting rub-impact fault of the rotor system [J]. Mechanical Systems & Signal Processing, 2015, 60: 243-251.

[6] 武英杰, 甄成刚, 刘长良. 变分模态分解在风电机组故障诊断中的应用[J]. 机械传动, 2015, 39(10): 129-132.

[7] 唐贵基, 王晓龙. 参数优化变分模态分解方法在滚动轴承早期故障诊断中的应用[J]. 西安交通大学学报, 2015, 49(5): 73-81.

[8] 刘长良, 武英杰, 甄成刚. 基于变分模态分解和模糊 C 均值聚类的滚动轴承故障诊断[J]. 中国电机工程学报, 2015, 35(13): 3358-3365.

[9] 关永刚, 黄瑜珑, 钱家骊. 基于振动信号的高压断路器机械故障诊断[J]. 高电压技术, 2000, 26(3): 66-68.

[10] 常广, 王毅, 王玮. 采用振动信号零相位滤波时频熵的高压断路器机械故障诊断[J]. 中国电机工程学报, 2013, 33(3): 155-162.

[11] 黄南天, 徐殿国, 刘晓胜, 等. 基于模式相似性测度的电能质量数据压缩方法[J]. 电工技术学报, 2011, 26(10): 39-46.

[12] Klema V C, Laub A J. The singular value decomposition: its computation and some applications [J]. IEEE Transactions on Automatic Control, 1980, 25(2): 164-176.

[13] Tian Y, Tan T, Wang Y, et al. Do singular values contain adequate information for face recognition [J]. Pattern Recognition, 2003, 36(3): 649-655.

[14] Vapnik V N. The Nature of Statistical Learning Theory [M]. New York: Springer, 1995: 127-140.

[15] Tian Y, Ma J, Lu C, et al. Rolling bearing fault diagnosis under variable conditions using LMD-SVD and extreme learning machine [J]. Mechanism & Machine Theory, 2015, 90: 175-186.

第4章 基于时域分割特征的断路器弹簧
操动机构机械故障

4.1 基于时域分割的振动信号故障特征提取

在断路器故障诊断时，由于其振动信号具有非线性、非周期性等特点，提取有效特征向量的前提是进行合理的信号处理。目前常用的时域、频域及时频域分析法中，时域法提取特征不能全面反映断路器状态信息，频域及时频域分析法存在时间复杂度高、对信号处理效率低的问题，因而需要一种效率高且能够反映断路器振动信号全面信息的信号处理方式。

从原始特征集合中选出与识别样本类型可分离性相关性的子集是特征选择方法的主要目的，常用的特征选择包括过滤式、封装式和嵌入式等方法。当特征规模较大但样本的数量相对较少时，通常采用特征选择方法对特征集合进行降维，这正适用于工程中尚未积累足够训练样本的应用场景。传统的振动信号特征包括时域特征、频域特征及时-频域特征。虽然现有特征能够准确地对不同状态信号进行有效描述，但是高压断路器振动信号的故障特征频域分布较广泛，且实际工作中受具体安装环境等影响，难以从特定频域提取相关有效特征[1]。由于断路器振动信号中，不同故障状态信号在幅值、衰减程度及振动起始时间上存在差异，因此，可直接从原始振动信号中提取时域特征分析高压断路器故障状态。针对原始信号，可提取不同时域分割尺度下的均值、方差、标准差等特征[2-4]。提取丰富的原始信号特征虽然能增加故障识别信息，但特征集合维度太大时，往往会存在严重影响分类器性能的冗余特征，影响故障诊断精度，增加故障诊断时间。因此，通过特征选择方法，从高维特征中选择出最优特征子集，是提高故障诊断效率与准确率的关键。

4.1.1 基于时域分割的断路器振动信号处理

1. 高压断路器振动信号处理方法

高压断路器在动作过程中，储能装置释放的能量使操纵机构产生振动信号，其能量衰减小且容易被加速度传感器捕获，没有涉及电气量，是一种可靠的非入侵性诊断测量方法。分析高压断路器动作产生的振动信号能够发现弹簧储能不足、螺丝松动等多种机械故障。这一过程的振动事件蕴含丰富的设备机械状态信息，是实现高压断路器机械故障诊断的重要基础。通过对高压断路器振动信号进行分析和处理，可以获得反映设备状态的有效信息，从而实现对高压断路器状态监测和故障诊断。传统的信号处理方法对原始信号开展时域与频域分析，并提取时-频域信息。虽然取得了一些成果，但均存在一定不足，同时，以上方法处理过程较复杂，时间复杂度高，提高了相关技术的应用成本与产业化难度。因此，采用合理的信号处理方法对振动信号进行处理是有效提取设备状态信息特征的前提。

在采用原始振动信号基础上，以原始信号的代表性特点为尺度，在时域分析的基础上进行分段处理，即时域分割。这种方式将信号分段化处理，在不同信号，同一分段内，可以比较断路器不同状态的差别。在数据处理中，对每段提取时域特征能够有效反映断路器不同状态间的差别，而且相较于传统的时域法，能够全面反映设备状态信息，与传统的信号处理方式相比，具有耗时短的特点。

2. 时域分割尺度依据

由于断路器振动信号具有非平稳、非线性特点，传统信号处理方法对振动信号开展时域与频域分析，并提取时-频域特征信息。常用信号处理方法主要有经验模态分解、集合经验模态分解和局域均值分解等。以上方法虽取得了不错的效果，但仍存在不足之处。采用 EMD 和局域均值分解(local mean decomposition，LMD)进行故障特征提取已得到广泛关注，但分解过程中存在模态混叠、端点效应、对频率相近的分量无法正确分离等问题[5,6]；集合经验模态分解虽然通过加入白噪声对模态混叠现象进行了抑制，但该方法也增加了运算量，并且会分解出超出信号真实组成的多个分量[6]。同时以上方法处理过程较复杂，时间复杂度高，提高了相关技术的应用成本与产业化难度。

为针对原始信号提取特定时间段内高压断路器振动信号特征，采用统一时间尺度，对原始信号进行时域分割，并对分割后各段信号提取时域特征。直接对时域分割后各段信号进行时域特征提取，能够避免时-频处理时损失高频信息，保证特征信息的完整性，同时节省信号处理时间。以标准信号振动收到触发信号至振动开始时段为时间尺度，对原始信号进行时域分割。

3. 时域分割尺度确定方法

通过振动信号采集系统采集高压断路器振动数据，系统采样率为 25.6kHz，以收到分闸信号时刻为起点，采集 3770 个振动信号数据。除断路器正常状态 C0，在现场实验中模拟了 3 种高压断路器机械故障类型：铁芯卡涩故障(状态 C1)、基座螺丝松动故障(状态 C2)、润滑不足故障(状态 C3)。对断路器进行多次分合闸操作会对操动机构造成损伤，数据采集过程中，为保证断路器机械性能保持良好状态，避免对同一种状态进行过多的重复试验，采集 30 组正常状态信号，三种故障状态下的振动数据各采集 20 组。四种不同类型的高压断路器振动信号波形如图 4-1 所示。

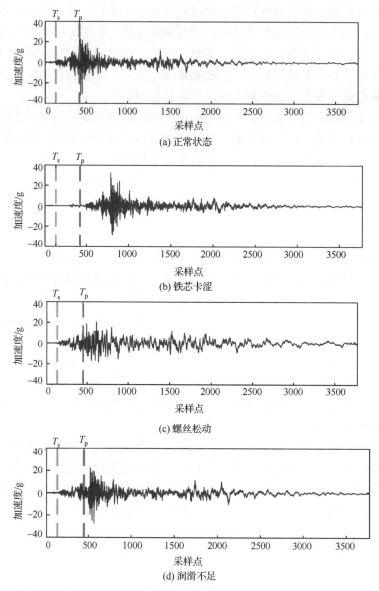

(a) 正常状态

(b) 铁芯卡涩

(c) 螺丝松动

(d) 润滑不足

图 4-1 实测振动信号与时域分割单位

图 4-1 为实测振动信号与时域分割单位图。从原始信号中可以看出，与正常信号相比，铁芯卡涩故障动作延迟；基座螺丝松动故障的幅值偏小，衰减过程较慢；机械润滑不足故障的幅值相对偏小。因此，在时域分割中，可以看出不同类型故障

信号相同时段间存在差别,可以采用分割后的每段信号进行特征提取构成特征向量,对高压断路器机械状态进行识别。分别以具有标志性意义的正常状态下操动机构收到触发指令到振动信号振幅发生明显变化的时长(T_s)与操动机构收到触发指令到振动信号振幅达到峰值的时长(T_p)为单位,将信号分为29段与9段。不同故障类型信号以相同尺度进行分割。

4.1.2 基于时域分割的时域特征提取

采用17种能够反映分割后不同时段信号的幅值变化、振荡衰减程度等特点的时域特征,构建特征向量[1,3-4]。并根据特征与类可分离的相关性,在此基础上确定 2 种不同特征集合。在单特征分析时只采用其中 7 种特征进行分析。表4-1为特征计算公式,其中 p_n 为概率密度($n=1,2,\cdots,N$),N 为时域分割后每段样本点数。

表4-1 特征计算公式

特征	公式	特征	公式
均值	$F_{mv} = \dfrac{1}{N}\sum\limits_{n=1}^{N} x(n)$	标准差	$F_{std} = \sqrt{\dfrac{1}{N}\sum\limits_{n=1}^{N}[x(n)-F_{mv}]^2}$
方差	$F_{tv} = \dfrac{1}{N}\sum\limits_{n=1}^{N}[x(n)-F_{mv}]^2$	偏斜度	$F_{sv} = \dfrac{1}{N}\sum\limits_{n=1}^{N}\left[\dfrac{x(n)-F_{mv}}{F_{std}}\right]^3$
峭度	$F_{kv} = \dfrac{1}{N}\sum\limits_{n=1}^{N}\left[\dfrac{x(n)-F_{mv}}{F_{std}}\right]^4$	峰峰值	$F_{ppv} = \max[x(n)] - \min[x(n)]$
方根幅值	$F_{sta} = \left[\dfrac{1}{N}\sum\limits_{n=1}^{N}\sqrt{\lvert x(n)\rvert}\right]^2$	平均幅值	$F_{av} = \dfrac{1}{N}\sum\limits_{n=1}^{N}\lvert x(n)\rvert$
峰值	$F_{pv} = \max(\lvert x(n)\rvert)$	波形指标	$F_{sf} = \dfrac{F_{rms}}{F_{av}}$
峰值指标	$F_{cf} = \dfrac{F_{pv}}{F_{rms}}$	脉冲指标	$F_{if} = \dfrac{F_{pv}}{F_{av}}$
裕度指标	$F_{mf} = \dfrac{F_{pv}}{F_{sra}}$	Shannon 熵	$F_{se} = -K\sum\limits_{n=1}^{N} p_n \log_2 p_n$
Renyi 熵	$F_{re} = \dfrac{1}{1-\alpha}\lg\sum\limits_{n=1}^{N} p_n^{\alpha}$	Tsallis 熵	$F_{te} = -\dfrac{1}{\alpha-1}\lg\left(1-\sum\limits_{n=1}^{N} p_n^{\alpha}\right)$
均方根值	$F_{rms} = \left[\dfrac{1}{N}\sum\limits_{n=1}^{N} x(n)^2\right]^{1/2}$		

4.1.3 基于散布矩阵的特征分类能力分析

1. 散布矩阵原理

考虑到在 l 维空间中特征向量样本分布之间的关系,定义矩阵来评价特征的类可分性。

定义类内散布矩阵（within-class scatter matrix）：

$$S_w = \sum_{i=1}^{M} P_i \sum_i \tag{4-1}$$

式中，$\sum_i$ 为 w_i 类的协方差矩阵；P_i 为 w_i 类的先验概率，换而言之，$P_i \approx n_i / N$，其中 n_i 为 N 个样本中属于 w_i 类的样本数。很明显，迹 $\{S_w\}$ 是所有类特征方差的平均测度。

定义类间散布矩阵（between-class scatter matrix）：

$$S_b = \sum_{i=1}^{M} P_i(\mu_i - \mu_0)(\mu_i - \mu_0)^{\mathrm{T}} \tag{4-2}$$

式中，μ_0 为全局均值向量。

迹 $\{S_b\}$ 为每一类的均值和全值均值之间平均距离的一种测度。

定义混合散布矩阵（mixture scatter matrix）：

$$S_m = S_w + S_b \tag{4-3}$$

迹 $\{S_m\}$ 为特征值关于全局均值的方差和。

从以上定义可以直接得到准则：

$$J_1 = \frac{\mathrm{tr}\{S_m\}}{\mathrm{tr}\{S_w\}} \tag{4-4}$$

在 l 空间中，每一类样本都很好地聚类在均值周围，而且不同类完全分离时，J_1 的计算值大[7]。即，采用不同特征时，类间散度越大，类内散度越小，则该特征分类效果更好。

如果将迹采用行列式代替，则会变换成另一种标准。可以根据线性代数的计算规则证明散布矩阵是对称正定的，因而计算出的本征值是正的。当行列式等于他们的乘积时，则迹与本征值之和相等。因此，J_1 值越大，相应的准则 J_2 值越大。

$$J_2 = \frac{|S_m|}{|S_w|} = \left| S_w^{-1} S_m \right| \tag{4-5}$$

实际使用中经常将 J_2 改为

$$J_3 = \mathrm{tr}\{S_w^{-1} S_m\} \tag{4-6}$$

当遇到一维的两类问题时，这些标准变成一种特殊形式。在这种情况中很容易看出，对于等概率类，$|S_w|$ 与 $\sigma_1^2 + \sigma_2^2$ 成正比，$|S_b|$ 与 $(\mu_1 - \mu_2)^2$ 成正比。合并 S_b 和 S_w，就是所谓的 Fisher 判别率 FDR（Fisher's discriminant ratio）

$$\text{FDR} = \frac{(\mu_1 - \mu_2)^2}{\sigma_1^2 + \sigma_2^2} \tag{4-7}$$

有时用 FDR 来定量描述单个特征的可分类能力，从 FDR 可以联想到假设统计检验中的检测统计值 q。然而这种更"原始"的方式使用 FDR，而不依赖于统计分布。对于多类情况，可以使用 FDR 的均值形式。一种形式为

$$\text{FDR}_1 = \sum_i^M \sum_{j \neq i}^M \frac{(\mu_i - \mu_j)^2}{\sigma_i^2 + \sigma_j^2} \tag{4-8}$$

式中，μ_i、μ_j 和 σ_i、σ_j 分别表示类 w_i、w_j 中的特征均值和方差。

图 4-2 给出不同位置和不同类内方差的三种情况。对应图 4-1(b)～(d)，包含 S_w 和 S_m 矩阵的 J_3 准则的计算结果分别为 164.7、12.5 和 620.9。从图中可以看出，图 (a) 类内方差小、类间距离小，图 (b) 类内方差大、类间距离小，图 (c) 类内方差小、类间距离大。即最好的情况是类间距离大、分类好，最坏的情况是类间距离小、类内方差大。

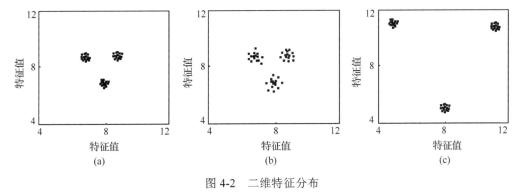

图 4-2　二维特征分布

2. 基于散布矩阵的前向特征选择

前向特征选择过程中同时考虑特征子集分类准确率与正则化 Fisher 准则中 J_F 指标值判定最优特征子集。

基于散布矩阵准则，线性变换矩阵 W 将费舍准则转化为[8]

$$J_F(W) = \text{tr}\left(\frac{W^{\mathrm{T}} S_b W}{W^{\mathrm{T}} S_w W} \right) \tag{4-9}$$

但是，当 S_w 为单数或病态时，对角矩阵 λI 加上 $\lambda > 0$ 得到 S_w。当 S_w 为正半定矩阵时，$S_w + \lambda I$ 在 $\lambda > 0$ 时为非奇数。

为克服这一不足，新方法采用正则化 Fisher 准则 (regularized Fisher's criterion, RFC)，分析不同特征集合分类效果。通过替换式 (4-8) 中正则矩阵 S_w，RFC 准则变换为[8]

$$J_F(W) = tr\left(\frac{W^T S_b W}{W^T (S_w + \lambda I)W}\right) \tag{4-10}$$

因此，奇点的问题得到解决，它可以应用在特征选择算法来测量类可分性[8]。

4.1.4 基于 Gini 重要度的特征选择分析

Gini 指数是一种用于衡量特征重要度的常用度量方式，在随机森林训练过程中完成对特征的类可分性计算指标。如果数据集 S 含有 s 个数据样本，可以将其分成 n 类，s_a 表示第 a 类包含的样本数 $(i = 1, 2, \cdots, n)$，则集合的 Gini 指数为

$$\text{Gini}(S) = 1 - \sum_{a=1}^{n} P_a^2 \tag{4-11}$$

式中，$P_a = p(s_a / S) = s_a / s$，表示属于第 a 类的任意样本概率。如果数据集 S 中只存在一类样本时，对其求取 Gini 指数为 0；如果数据集 S 中所有类别分布均匀时，Gini 指数取最大值。

随机森林方法使用某特征划分节点时，可以将 S 分为 m 个子集 $S_c (j = 1, 2, \cdots, m)$，则划分后数据集 S 的 Gini 指数为

$$\text{Gini}_{\text{split}}(S) = \sum_{j=1}^{m} \frac{s_c}{S} \text{Gini}(s_c) \tag{4-12}$$

式中，s_c 为集合 S_c 中样本数。则 Gini 重要度为

$$\Delta \text{Gini}(S) = \text{Gini}(S) - \text{Gini}_{\text{split}}(S) \tag{4-13}$$

由式 (4-13) 可知，Gini 重要度值越高，特征划分效果最好[9]。

作为典型的嵌入式方法，随机森林方法在训练过程中，在决策树的各节点会构建候选特征子集。如果在训练随机森林模型过程中，决策树的规模取值足够大，则能够将冗余特征对随机森林分类结果的影响降到最低程度，保证良好的分类准确率。但是，随机森林在训练模型过程中不能自动计算出最优特征维度，无法达到提高特征提取效率的目的。在多特征分析确定最优特征集合过程中，将 Gini 指标与特征搜索策略结合使用才能确定最不同维度特征子集，以供选出最优特征子集，由评价指标确定最终集合。当初始特征集维数较高时，一般采用前向特征选择策略。

为降低分类器复杂度，以 3 类信号为分类目标，完整原始特征集合为输入特征向量，训练随机森林分类器，获得全部特征 Gini 重要度。采用两种时域分割方法构建的原始特征集合重要度，如图 4-3 所示。由图 4-3 可知，不同特征之间的 Gini 重要度存在较大差异。可通过 Gini 重要度对特征开展排序，以供前向特征选择，确定最优特征集合。

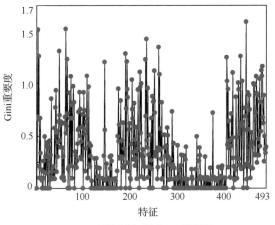

(a) 时域分割29段的Gini重要度

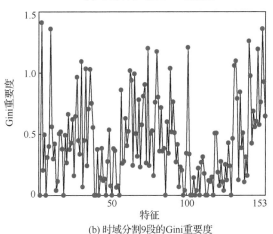

(b) 时域分割9段的Gini重要度

图 4-3　Gini 重要度

4.1.5　基于时域分割特征的特征选择方案

对高压断路器振动时域分割后，采用两种特征提取方式确定输入到分类器中的特征集合。一种是对时域分割后信号提取单个特征构成特征向量，若将信号分割为 n 段，则构成的特征向量为 n 维，进行特征选择最终确定的是类可分离性最好的特征类型。另一种是对时域分割后的信号提取多种特征，若将信号分割为 n 段，提取特征有 m 类的时候，则构成的特征向量为 $n \times m$ 维。特征选择时，首先计算 Gini 重要度，并根据 Gini 重要度对特征进行排序，之后采用前向特征选择方法结合类可分离性指标确定最优特征集合。

在单特征分析时，考虑应用到便携式故障诊断系统，只需要计算一种有效特征即可对设备状态进行分析，即使在新的场景进行设备状态监测，也能快速有效识别状态信息。多特征混合取最优特征集合适用于大型故障诊断系统，其前期应用时会进行全面分析，积累大量数据，在实际运用中可以高效识别断路器状态信息。

4.2 基于层次化混合分类器的断路器机械故障分类

对高压断路器故障状态进行判别和分析，实际上是一个模式识别问题。在提取高压断路器振动信号的有效特征向量后，将其输入到层次化混合分类器中，分类器对断路器状态进行判别分析。目前在高压断路器机械故障诊断研究中，采用最多的识别方法是支持向量机和人工神经网络、随机森林等。由于高压断路器机械故障种类多、动作次数少，且故障样本实验获取成本较高，因而很难获得包含所有故障类型的训练样本。文献[10]以采用正类样本(正常状态样本)训练单类分类器开展状态监控，能够判定高压断路器机械状态，但是会将无训练样本未知类型故障状态识别为错误的已知类型。多分类器在分类识别过程中比较依赖训练样本，当出现无训练样本未知故障状态时，容易将未知故障样本误识别为正常状态或其他已知故障类型。

为解决只使用单类分类器和多类分类器所存在的缺陷，将单类分类器与多类分类器结合使用，组合成层次化混合分类器，将两种分类器的优势凸显出来。

4.2.1 随机森林原理

随机森林(random forest，RF)是由很多决策树构成的集成分类模型，由于每棵决策树代表一个分类结果，采用少数服从多数的原则进行分类，其分类精确度高，学习速度较快，且不容易出现过拟合。同时，随机森林能够在分类训练时，分析不同特征对分类的贡献程度，因而选用随机森林作为多类分类器。

随机森林根据集成学习方法将随机子空间算法树与 boot-strap 重采样技术的特点相结合，通过构建大量的决策树来构建森林模型来实现回归、分类及其他需要集成学习方法完成的任务，是一种全新的决策树集合[11]。

$$\{t(x,s_{\Theta_1}),\ t(x,s_{\Theta_2}),\ \cdots,\ t(x,s_{\Theta_m})\} \tag{4-14}$$

式中，$t(x,s_{\Theta_k})$ 代表一棵 CART 树，为基分类器，$k=1,2,\cdots,m$；x 为 CART 树的输入向量；s_{Θ_k} 决定了第 k 棵树训练样本的随机抽取过程，并确定了树的生长过程的随机向量，在决策过程中，所有的 s_{Θ_k} 是独立同分布的。

在集成学习方法中，基分类器的不同会对集成后模型的性能造成不同的影响[12]。决策树是许多机器学习任务中的常用方法，由于其对于特征集合转变没有影响，满足于数据样本的分类需求。随机森林的随机性包括以下两点。

(1)假设输入到随机森林的数据集合 S 中含有 n 个样本。使用重采样技术对随机森林中的样本进行抽样重新构造子数据集，这种方法为有放回的取样方式，如果每棵决策树构造出的样本容量为 n，在原始样本空间中的每一个样本被选择的概率都为 $1/n$。因此，在取样过程中，同一个子数据集中的样本元素可能存在重复，也可能发生子数据集中不包含原始数据集合中元素的情况。对于原始数据集合中存在而子特征集合中不存在的元素，被称为袋外数据集(out-of-bag，OOB)。因此，每棵决策树中数据集合的不同，造成不同决策树之间的相关性低。当有待测样本输入到随机森林中时，可以通过子数据集构建的决策树模型进行投票分析，最终获得随机森林的预测或分类结果。

(2)对随机森林中的每一个非叶子节点分裂过程进行特征选择时，从所有的原始特征集合 M 中随机选取一定数量的特征，构成包含 m_{try} 个特征的分割特征集合 m，之后还需要对选取特征选出最优特征，使得决策树有一定差别，提升随机森林模型的多样性，从而使随机森林的分类性能有所提高。

上述两个随机性决定了构成随机森林的不同决策树之间存在区别，从而使得随机森林不容易陷入过拟合，而且使其具有一定的抗噪能力。除此之外，随机森林的分类过程只需要根据数据样本的规模选取适当的树的规模，无需对其他参数进行调整。当随机森林中决策树的棵数比较少时，会影响到随机森林的性能，其精度无法满足回归分类的要求。由大数定理和决策树形的结构可知，当我们输入一个测试样本时，随机森林中的每棵决策树都要对其进行分类，如果随机森林树的规模足够大，会提高分类器的分类能力。

图4-4为随机森林模型，根据以上描述，随机森林的分类流程总结为以下三点。

(1)从原始特征集合 S 中有放回地随机抽取 n 个样本构成自助样本集，重复 l 次。

(2)训练过程中，从特征空间 M 中随机选择扰动特征作为非叶子节点分裂候选特征，用每个候选特征分割节点并选择分割效果最好的特征作为该节点分割特征。重复这一过程直至每棵树的非叶子节点都分类完成，结束训练过程。

(3)分类时，对每个元分类器分类结果采用多数投票法，确定最优分类结果。

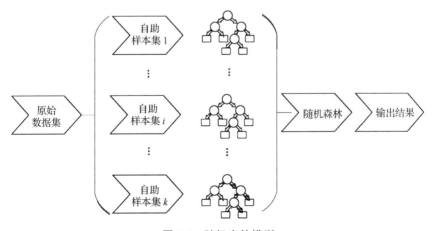

图4-4 随机森林模型

4.2.2　基于时域分割的断路器机械故障诊断方案设计

高压断路器的现有故障诊断研究中，主要采用已知样本类型训练多类分类器模型，将断路器状态采样样本输入到训练模型中进行分类识别，通常采用支持向量机、随机森林、人工神经网络等多类分类器实现。但是，现有断路器故障样本为具有代表性的故障状态，样本集合不能覆盖所有的故障类型，高压断路器故障样本获取困难，实际工作中易发生存在未知类型故障场景。因此，当出现无训练样本未知故障类型时，容易将故障样本识别为已知故障类型或正常状态。而且不同故障状态也存在不同的故障程度，如果一种故障状态只有一种故障程度时，多分类器也容易发生误识别情况。

OCSVM 单类分类器只依赖正常状态样本即可训练模型，实现对故障状态的有效识别，但是无法识别故障类型为已知或未知类型。

为克服单纯采用单类分类器和多类分类器进行状态识别存在的缺陷，采用 OCSVM 与 RF 构建层次化混合分类器，在以 OCSVM 避免故障状态的误识别基础上，进一步以 RF 结合 OCSVM 准确识别无训练样本未知故障类型。图 4-5 为层次化分类器故障诊断流程图，首先利用正常状态样本训练的 $OCSVM_0$ 分类器模型对断路器正常与故障状态进行判别分析。如断路器为故障状态，运用不同已知故障类型训练的 RF 模型识别具体故障类型；最后针对 RF 识别出的故障状态，采用特定已知故障类型样本训练得到的 $OCSVM_i$（其中 i 为 3 种故障状态）进行识别校正，判定是否为已知故障。

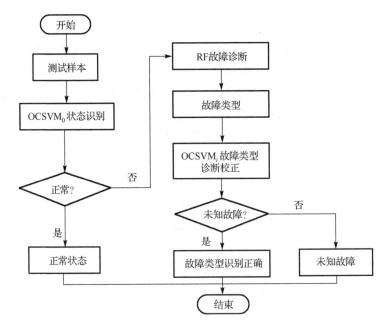

图 4-5　层次化分类器故障诊断流程图

4.3　基于实测振动信号的高压断路器机械故障诊断

以上介绍了基于高压断路器振动信号分析的机械故障诊断方案，主要包括振动信号采集、振动信号特征提取、特征选择和断路器状态识别四个部分。针对以上四个部分，设计断路器振动信号采集系统，采用时域分割方法处理振动信号以提取信号特征，并构建基于 OCSVM 和 RF 的多层分类器对断路器机械状态进行识别。为了验证所用方法的有效性，提取时域分割 29 段信号分别进行单特征集合分类与最优特征子集，通过人为方式制造三种典型的断路器机械故障，开展高压断路器在正常和三种故障状态下的实例诊断实验。

4.3.1　实测振动信号特征分析

在特征提取环节主要采用 2 种有效方式提取特征向量，并将其作为状态监测的特征向量输入到层次化混合分类器中进行识别。2 种方式都采用时域分割技术，单特征分析主要对 7 种常用特征进行可分离程度进行判别分析，每个特征单独计算；而特征选择将 17 种时域特征进行混合组成高维特征向量，采用特征选择进行最优组合分析。本节主要采用时域分割，高压断路器振动信号为非线性、非平稳信号，EMD、EEMD 和 LMD[13] 三种信号处理方法能够对其有效分解，这些方法已经广泛应用于机械故障诊断领域。为比较新方法与基于信号处理提取时域特征的传统方法分类能力，采用 EMD、EEMD、LMD 三种信号处理方法处理振动信号并提取特征，进行比较分析。

1. 基于散布矩阵的单特征分析

各类故障信号与正常信号相比，铁芯卡涩故障表现为动作延迟；基座螺丝松动故障表现为信号幅值偏小，衰减过程较慢；机械润滑不足故障表现为幅值相对偏小。能够明显观察到每种故障信号具有明显存在，因而采用时域分割方法对每段信号进行特征提取构成特征向量，可以对高压断路器机械状态进行识别。

直接对时域分割后各段信号进行时域特征提取，能够避免时-频处理时损失高频信息，保证特征信息的完整性，同时节省大量的信号处理时间。为比较不同时域特征分类能力，提取 7 种能够反映每段信号的幅值最大变化、振荡衰减程度等特点的时域特征，构建 7 种特征向量。表 4-2 为单特征计算公式，P_i 为概率密度，计算熵特征时参数取 $\alpha = 0.43$ 进行计算；x_i 为每段信号；N 为信号的长度[4]。

图 4-6 为不同类型振动信号的 7 种时域特征分布，其中 4 种状态各取 3 组信号展示。

表 4-2 单特征计算公式

特征	公式	特征	公式
Shannon 熵	$F_1 = -K\sum_{i=1}^{n} P_i \lg P_i$	Renyi 熵	$F_2 = \dfrac{1}{1-\alpha} \lg \sum_{i=1}^{n} P_i^{\alpha}$
Tsallis 熵	$F_3 = -\dfrac{1}{\alpha-1} \lg \left(1 - \sum_{i=1}^{n} P_i^{\alpha}\right)$	偏斜度	$F_4 = \dfrac{1/N \sum_{i=1}^{N} (x_i - \bar{x})^3}{\left[\sqrt{1/N \sum_{i=1}^{N} (x_i - \bar{x})^2}\right]^3}$
峭度	$F_5 = \dfrac{N \sum_{i=1}^{N} (x_i - \bar{x})^4}{\left[\sum_{i=1}^{N} (x_i - \bar{x})^2\right]^2}$	峰峰值	$F_6 = \dfrac{\left[\max\limits_{1 \leqslant i \leqslant N}(x_i) - \min\limits_{1 \leqslant i \leqslant N}(x_i)\right]}{2}$
均值	$F_7 = \dfrac{\sum_{i=1}^{N} x_i}{N}$		

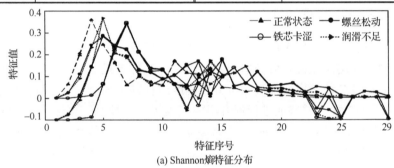

(a) Shannon熵特征分布

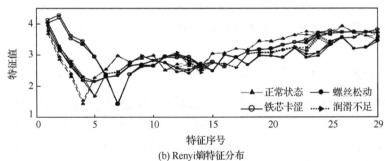

(b) Renyi熵特征分布

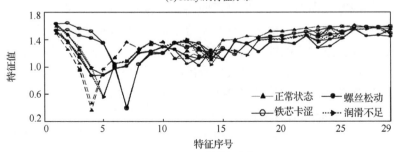

(c) Tsallis熵特征分布

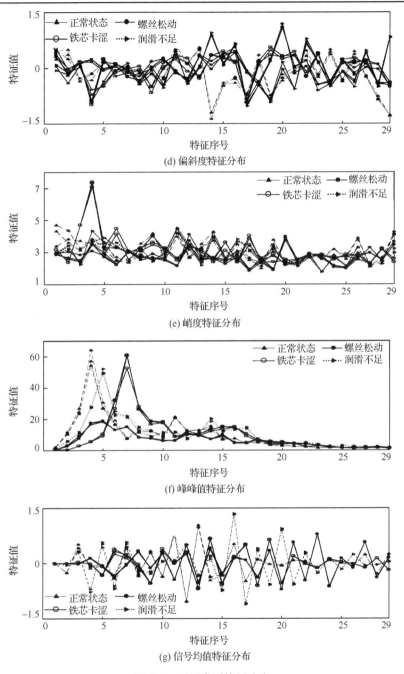

(d) 偏斜度特征分布

(e) 峭度特征分布

(f) 峰峰值特征分布

(g) 信号均值特征分布

图 4-6 不同类型特征分布

观察图 4-6 可知，采用 3 种熵及峰峰值特征描述不同故障特性时，区分程度高，分类的效果较好。

对时域分割后的信号提取 7 种特征，以每类信号样本 10 组开展实验。对 7 种特征分别求离散度，表 4-3 为时域特征的离散度值，从表中可以看出熵特征、峰峰值及振动信号均值的分类效果较好，与特征图中表现出的信息基本一致。

表 4-3　特征 J_1 值

特征类型	J_1 值
Shannon 熵	29.7067
Renyi 熵	42.9367
Tsallis 熵	45.0135
偏斜度	3.5388
峭度	3.3421
峰峰值	25.3027
均值	36.5523

高压断路器振动信号为非线性非平稳信号，EMD、EEMD 和 LMD 三种信号处理方法能够对其有效分解，这些方法已经广泛应用于机械故障诊断领域，为比较新方法与基于信号处理提取时域特征的传统方法的分类能力，采用 EMD、EEMD、LMD3 种信号处理方法处理振动信号并提取特征，开展故障诊断试验。图 4-7 为 EMD、EEMD 和 LMD 对信号分解及时域分割结果，时域分割尺度与新方法相同，其中 EMD 与 EEMD 将信号分解为一组本征模函数(IMF)，LMD 将信号分解为多个瞬时频率具有意义的乘积函数(product function，PF)。在此基础上采用单特征构成特征向量，利用 OCSVM、RF 组成的混合分类器对高压断路器机械故障开展诊断实验。

表 4-4 中为不同方法提取特征用时统计及混合分类器中 OCSVM 对 4 种时域分割提取特征的状态识别结果。由表 4-4 可知，直接时域分割提取特征平均用时 0.204s，EMD、EEMD、LMD 对振动信号分解后时域分割提取特征平均用时分别为 14.03s、17.352s、2.535s，新方法大幅缩短特征提取时间。此外，新方法提取特征维度为 29 维，而三种对比方法特征维度分别为 319、348 与 261 维。新方法除降低了特征提取时间与特征维度外，还具有最高的准确率(准确率达到 100%)。因此，相较于传统的基于信号处理的特征提取方法，新方法特征提取时间复杂度与特征维度低，且具有良好的分类准确率。

2. 基于前向特征选择的最优特征组合

现有特征选择，多采用封装式(wrapper)方法，结合粒子群算法等智能算法，根据分类器分类效果，寻找满足分类准确率要求的特征子集，但寻优效率较低；而实际工作中，多采用过滤式(filter)方法，依据特征的统计结果开展[14]。

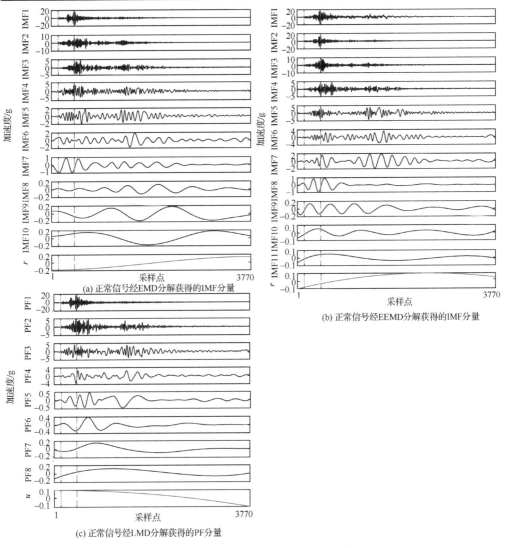

(a) 正常信号经EMD分解获得的IMF分量

(b) 正常信号经EEMD分解获得的IMF分量

(c) 正常信号经LMD分解获得的PF分量

图 4-7　EMD、EEMD 及 LMD 时域分割

表 4-4　特征提取时间与故障状态识别结果

处理方法	平均特征提取时间/s	特征维数	OCSVM 识别结果		故障识别准确率/%
			正常	故障	
直接分割	0.204	29	0	30	100
EMD	14.030	319	4	26	86.67
EEMD	17.352	348	5	25	83.33
LMD	2.535	261	9	21	70

随机森林为集成学习方法，其 Gini 重要度指标考虑了特定特征在不同特征组合中的综合贡献，分析更加全面。按照 Gini 重要度将特征降序排列，开展前向特征选择，能够获得较好的候选特征集合。之后，以不同特征子集分别构建分类器并计算 J_F 评价指标，最终确定最优特征子集，用于训练最优分类器。

为验证以 Gini 重要度衡量特征分类能力的有效性，在 2 种信号时域分割尺度下，分别选择 2 组 Gini 重要度最高与最低的特征，分析其特征值分布箱线图。以特征值分布情况，直观比较不同 Gini 重要度特征的分类能力。以 Gini 重要度判断，时域分割 29 段最优特征为 F450 与 F62，最差特征为 F311 与 F313；时域分割 9 段时，最优特征为 F31 与 F34，最差特征为 F16 与 F37。各特征值分布箱线图如图 4-8 所示。

从图 4-8 可知，两种时域分割尺度下，Gini 重要度高的特征，特征值分布集中，无交叉，类可分性高；而 Gini 重要度低的特征，特征值分布范围广，存在明显交叉，类可分性低。以上结果验证了采用 Gini 重要度分析特征分类能力的有效性。

图 4-9 为时域分割分别为 29 段与 9 段情况下，采用 Gini 重要度最高的前 50 维特征降序排列，采用前向搜索策略，构建不同特征子集，并以 RF 为分类器分类结果准确率与 J_F 开展特征选择的过程，分类准确率为识别 3 种已知状态准确率。

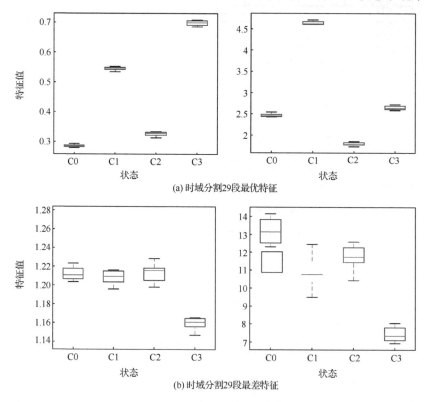

(a) 时域分割29段最优特征

(b) 时域分割29段最差特征

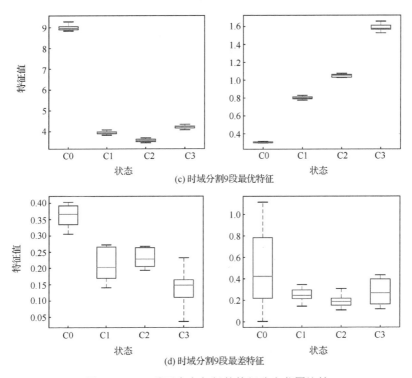

(c) 时域分割9段最优特征

(d) 时域分割9段最差特征

图 4-8 Gini 重要度高与低的特征分布范围比较

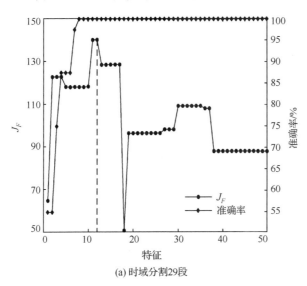

(a) 时域分割29段

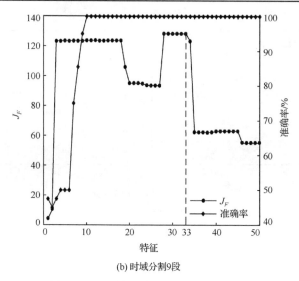

(b) 时域分割9段

图 4-9　不同特征集合 J_F 与分类准确率

从图 4-9 中可以看出，2 种分割尺度下特征子集维数分别为 9 维与 10 维时，区分 4 种状态时准确率都达到 100%，无法从单一的准确率角度衡量其效果。随着特征数量的增加，相关特征子集的评价指标 J_F 呈先增大后减小趋势，最终取 J_F 值最大时的特征维数确定最终特征子集，时域分割尺度为 29 段与 9 段时取最优特征子集维数分别为 12 维与 33 维，此时时域分割为 29 段与时域分割 9 段时 J_F 分别达到最大值。这代表以该特征子集分类时，类的可分性最高。

因此，综合考虑 J_F 与特征维度，选取时域分割尺度为 29 段、特征子集维度为 12 维的最优特征子集构建分类器模型，最优特征子集如表 4-5 所示。

表 4-5　最优特征子集

特征编号	特征描述
F450	27 段平均幅值
F62	4 段峰值
F2	1 段标准差
F236	14 段 Renyi 熵
F262	16 方根幅值
F48	3 段 Shannon 熵
F191	12 段偏斜度
F4	1 段偏斜度
F438	26 段裕度指标
F408	24 段均方根值
F65	4 段 Shannon 熵
F234	14 段裕度指标

利用上述 EMD、LMD 与 EEMD 传统信号处理振动信号时，IMF 与 PF 数参考文献[15]确定。EMD 取前 10 个 IMF 分量，LMD 取前 7 个 PF 分量，EEMD 取前 9 个 IMF 分别提取特征。对正常状态(C0)、铁芯卡涩状态(C1)与润滑不足(C2)，3 种状态各取 10 组数据测试多分类效果。多分类器基于随机森林构建，识别目标为 C0～C2，共 3 类状态。保留螺丝松动(C3)为未知故障类型，以便后文验证含未知类型故障识别时新方法所选最优特征子集与层次化分类器的未知类型故障样本能力。

不同特征提取方法下，无未知类型样本多分类器识别准确率与原始特征集合维度如表 4-6 所示，其中 Di 为特征维度，Ac 为状态识别准确率。

表 4-6　状态识别结果

测试样本	9 段					29 段				
	C1	C2	C3	Di	分类准确率/%	C1	C2	C3	Di	分类准确率/%
C1	10	0	0	153	100	10	0	0	493	100
C2	0	10	0	153	100	0	10	0	439	100
C3	0	0	10	153	100	0	0	10	439	100
EMD-C1	10	0	0	1530	100	10	0	0	4930	100
EMD-C2	1	9	0	1530	90	0	10	0	4390	100
EMD-C3	0	0	10	1530	100	0	1	9	4390	90
LMD-C1	10	0	0	1071	100	10	0	0	3451	100
LMD-C2	0	10	0	1071	100	0	9	1	3451	90
LMD-C3	1	0	9	1071	90	0	0	10	3451	100
EEMD-C1	10	0	0	1377	100	10	0	0	4437	100
EEMD-C2	0	10	0	1377	100	0	10	0	4437	100
EEMD-C3	0	2	8	1377	80	0	1	9	4437	90

如表 4-6 所示，新方法将信号时域分割为 29 段与 9 段时均能有效识别 3 种状态，而传统信号处理方法在识别 3 种状态时，出现误识别情况。采用新方法提取特征仅为 153 与 493 维，相较于传统信号方法提取特征维度低。因此，新方法特征提取不仅能够提高状态识别准确率，而且能够有效降低原始特征集合特征复杂度。

为了比较时域分割提取特征与传统信号分解提取特征效率，图 4-10 列出了四种不同信号处理方式提取特征所用时间统计。由图 4-10 可知，不论采用何种时域分割方式，无信号处理环节的新方法省略了信号处理环节，且只对原始信号单一时间序列提取时域特征时，其运算量远低于分解后针对多个 IMF 或 PF 对应的时间序列提取特征所需时间，其特征提取效率均远高于 EMD、LMD 与 EEMD 方法。如分析更高采样率的振动信号时，其优势将进一步提高，但其特征提取效率较单特征模式时有所缺陷。

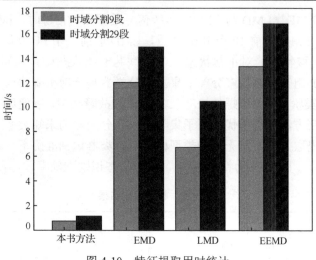

图 4-10 特征提取用时统计

4.3.2 实验结果及分析

将单特征构成的特征向量与经过特征选择的最优特征集合分别输入到层次化混合分类器中实现状态监测功能。采用 OCSVM 与 RF 构建层次化混合分类器，其中包括 OCSVM1 对设备正常与故障状态的初步研判，若判为故障状态后，由 RF 训练的模型识别故障类型，最后再由 OCSVM2 进行识别结果校正，判断是否为未知故障类型。每类振动信号中，从 20 组振动数据中随机选择 10 组作为训练样本，另外 10 组作为测试样本。其中 $OCSVM_1$ 使用正常样本训练，RF 使用三种可得到故障训练样本训练，$OCSVM_2$ 用 3 种故障信号分别训练模型。进行含未知故障状态样本实验时，RF 模型中润滑不足状态作为未知状态不参与模型训练，其他模型与已知故障模型训练相同。现有研究中，OCSVM 和 RF 在断路器故障诊断中应用较多且取得了良好的识别效果，因而比较层次化混合分类器方法与 SVM 及不同的分类器组合方法在本研究中的分类效果。

采用单特征向量时，为比较多分类器分类效果，采用 RF 与 SVM 对正常状态和含无训练样本类型故障的 3 种故障类型进行实验分析，采用新方法提取 Tsallis 熵特征。以润滑不足为无训练样本故障状态。4 种信号中正常样本 20 组，3 种故障状态各 10 组，2 种多分类器分类结果如表 4-7 和表 4-8 所示。

表 4-7　ELM 含无训练样本类型故障识别结果

测试样本	诊断结果				分类准确率/%
	正常	铁芯卡涩	螺丝松动	未知状态	
正常状态	20	0	0	0	100

续表

测试样本	诊断结果				分类准确率/%
	正常	铁芯卡涩	螺丝松动	未知状态	
铁芯卡涩	0	10	0	0	100
螺丝松动	0	0	10	0	100
未知状态	2	0	8	0	0

表 4-8　SVM 含无训练样本类型故障识别结果

测试样本	诊断结果				分类准确率/%
	正常		螺丝松动	未知状态	
正常状态	20	0	0	0	100
铁芯卡涩	0	10	0	0	100
螺丝松动	8	0	2	0	100
未知状态	10	0	0	0	0

从 RF 与 SVM 的状态识别结果可以看出，在有训练样本故障诊断中，RF 能够准确判断 HVCB 机械故障类型，而 SVM 在识别螺丝松动状态时 8 组样本误识别为正常信号。在无训练样本的状态识别中，RF 与 SVM 都无法识别未知故障类型，其中 RF 将 2 组样本误识别为正常，而 SVM 将故障样本全部识别为正常状态。因此，在此实验中 RF 存在优势，其分类结果可靠性更高。

为比较采用层次化混合分类器的新方法识别无训练样本未知类型故障优势，参考现有研究，以新方法与 OCSVM-RF 方法开展比较试验。表 4-9 与表 4-10 分别为 OCSVM-RF（O-R）与新方法（OCSVM-RF-OCSVM，O-R-O）两种混合分类器识别结果。对比可知，O-R 虽然能够弥补 ELM 将未知状态误识别为正常状态的缺点，但是将 10 组无训练样本未知故障类型误识别为已知故障类型。而 O-R-O 可以对 O-R 的识别结果进行校正，对 10 组未知故障进行识别。

表 4-9　O-R 含无训练样本类型故障识别结果

测试样本	诊断结果				分类准确率/%
	正常		螺丝松动	未知状态	
正常状态	20	0	0	0	100
铁芯卡涩	0	10	0	0	100
螺丝松动	0	0	10	0	100
未知状态	0	0	10	0	0

表 4-10　O-R-O 含无训练样本类型故障识别结果

测试样本	诊断结果				分类准确率/%
	正常		螺丝松动	未知状态	
正常状态	20	0	0	0	100
铁芯卡涩	0	10	0	0	100
螺丝松动	0	0	10	0	100
未知状态	0	0	0	10	100

通过实验可以发现,采用层次化混合分类器开展故障诊断能准确判定高压断路器机械状态与故障类型,识别准确率可达到 100%;此外,层次化混合分类器能够准确识别无训练样本未知机械故障状态,相较于现有研究[10],具有明显优势。

采用特征选择后的最优特征组合进行实验分析,在确定相关最优特征子集后,设计含未知故障类型样本识别实验,验证新方法所采用的层次化混合分类器的优势。实验中螺丝松动状态视为无训练样本未知故障,只参与最终测试而不参与分类器的训练过程。为比较多分类器分类效果,实验首先采用 RF 与 SVM 对正常状态和含无训练样本类型故障的 3 种故障类型(卡涩状态、螺丝松动与润滑不足状态)进行实验分析,分类器构建所需最优特征子集由新方法确定。以螺丝松动为无训练样本未知故障状态,参与两种分类器测试,但不参与训练。正常样本与 2 种已知故障状态各取 20 组(不含未知类型故障),用于训练分类器。正常样本与 3 种故障状态各取 10 组(含未知类型故障),用于测试分类器。分类器分类目标为正常与 3 种已知故障状态,其中正常状态(C0)、铁芯卡涩状态(C1)与润滑不足(C2),螺丝松动(C3)为未知故障类型。2 种多分类器分类结果如表 4-11 所示。

表 4-11　RF 与 SVM 含无训练样本类型故障识别结果

测试样本	RF					SVM				
	C0	C1	C2	C3	分类准确率/%	C0	C1	C2	C3	分类准确率/%
C0	10	0	0	0		10	0	0	0	
C1	0	10	0	0	100	0	10	0	0	100
C2	0	0	10	0	100	0	0	10	0	100
C3	1	4	5	0	0	10	0	0	0	0

从 RF 的状态识别结果可以看出,在有训练样本故障诊断中,RF 与 SVM 能够准确判断高压断路器机械故障类型;在无训练样本的状态识别中,RF 与 SVM 都无法准确识别未知故障类型(C3),RF 将 1 组样本识别为正常,4 组样本识别为铁芯卡涩状态,5 组样本识别为润滑不足状态,而 SVM 将 10 组样本误识别为正常状态,可靠性低。因此,RF 分类器存在优势,其分类可靠性更高。

为证明采用层次化混合分类器的新方法识别无训练样本未知类型故障的优势，参考现有研究，以新方法与 OCSVM-RF 方法开展比较试验。表 4-12 为 OCSVM-RF（O-R）与新方法 OCSVM-RF-OCSVM（O-R-O）两种混合分类器识别结果。对比可知，O-R 虽然能够弥补 RF 将未知状态误识别为正常状态的缺点，但是将 10 组无训练样本未知故障类型误识别为已知故障类型。而 O-R-O 能够对 O-R 的识别结果进行校正，准确识别 10 组未知故障。通过实验可以发现，采用层次化混合分类器开展故障诊断能准确判定高压断路器机械状态与已知故障类型，同时有效辨识未知故障样本。

表 4-12　O-R 与 O-R-O 含无训练样本类型故障识别结果

测试样本	O-R					O-R-O				
	C0	C1	C2	C3	分类准确率/%	C0	C1	C2	C3	分类准确率/%
C0	10	0	0	0		10	0	0	0	
C1	0	10	0	0	100	0	10	0	0	100
C2	0	0	10	0	100	0	0	10	0	100
C3	0	4	6	0	0	0	0	0	10	100

4.4　本 章 小 结

高压断路器运行状态与电网可靠性直接相关。断路器操作机构的安全可靠性是保证断路器可靠运行的重要因素。因此，对高压断路器进行故障诊断研究，具有十分重要的意义。通过分析高压断路器动作产生的振动信号能够发现弹簧储能不足、螺丝松动等多种机械故障。因此，基于振动信号的高压断路器的故障诊断具有重要意义。将高压断路器弹簧操动机构动作时刻产生的振动信号作为研究对象，对其以一定尺度进行时域分割并提取能够表现高压断路器的机械状态信息的时域特征。本章的研究主要包括以下几个方面。

（1）由于高压断路器不同状态振动信号间的差异性及振动信号的采集不会对断路器的性能产生影响，选用振动信号分析断路器机械故障。在此基础上，提出以高压断路器振动信号为监测对象，通过时域分割技术处理振动信号并提取振动信号特征向量，并采用模式识别技术对高压断路器状态进行识别和分类的高压断路器机械故障诊断的总体方案。

（2）介绍了高压断路器振动信号产生原理，针对高压断路器不同状态振动信号在时域中的差别，选择时域分割技术对断路器振动信号进行预处理。通过采用 EMD 和 EEMD 等方法对实测高压断路器振动信号进行分解，证明了时域分割方法提取特征向量的效率高，更适用于高压断路器振动信号的处理。对时域分割处理后的信号进行特征提取，采用单特征及多特征提取方式。实验证明，相对于传统信号处理方法提取特征，时域分割后提取的特征高效准确地反映了断路器的状态信息。单特征向量较特征选择后的最优特征集合提取时间更短，但是单特征向量中每个特征并没有进行可分离程度验证，存在一定缺陷，在实际工程应用中需要进行一定取舍。

（3）介绍了 RF 和 OCSVM 的分类原理及用于模式识别领域存在的优势，根据 RF 与 OCSVM 单独用于分类时存在的缺陷，提出了基于单类分类器和多类分类器组合使用的高压断路器状态识别方法，构建了基于 RF 和 OCSVM 的层次化混合分类器。通过实测数据开展实验证明，通过构建层次化混合分类器的方法，克服了传统多类分类器无法正确识别无训练样本未知故障类型的缺陷，两层单类分类器的应用避免了故障的误识别，大大提升了高压断路器机械故障诊断的可靠性。

参 考 文 献

[1] Shang Z W, Liu Z W, Li Y F. Time-domain fault diagnosis method of mechanical and electrical equipment based improved dynamic time wraping[J]. Key Engineering Materials, 2016, 693: 1539-1544.

[2] Jan S U, Lee Y D, Shin J. Sensor fault classification based on support vector machine and statistical time-domain features[J]. IEEE Access, 2017, 5: 8682-8690.

[3] Nayana B R, Geethanjali P. Analysis of statistical time-domain features effectiveness in identification of bearing faults from vibration signal[J]. IEEE Sensors Journal, 2017, 17: 5618-5625.

[4] Jae Y, David H, Brandon V H. On the use of a single piezoelectric strain sensor for wind turbin planetary gearbox fault diagnosis[J]. IEEE Transaction on Industrial Electronics, 2015, 62: 6585-6592.

[5] 孙一航, 武建文, 廉世军, 等. 结合经验模态分解能量总量法的断路器振动信号特征向量提取[J]. 电工技术学报, 2014, 29（3）：228-236.

[6] 游子跃, 王宁, 李明明, 等. 基于 EEMD 和 BP 神经网络的风机齿轮箱故障诊断方法[J]. 东北电力大学学报, 2015（1）：64-72.

[7] Sergios T, Konstantinos K. Pttern Recognition[M]. 7th, ed. New York: Academic Press, 2008.

[8] Ziani R, Felkaoui A, Zegadi R. Bearing fault diagnosis using multiclass support vector machines with binary particle swarm optimization and regularized Fisher's criterion[J]. Journal of Intelligent Manufacturing, 2017, 28: 405-417.

[9] Lerman R I, Yitzhaki S. A note on the calculation and interpretation of the Gini index[J]. Economics Letters, 1984, 15: 363-368.

[10] 黄南天, 张书鑫, 蔡国伟, 等. 采用 EWT 和 OCSVM 的高压断路器机械故障诊断[J].仪器仪表

学报, 2015, 36(12): 2774-2781.

[11] Breiman L. Random forest [J]. Machine Learning, 2001, 45(1): 5-32.

[12] Sirlantzis K, Hoque S, Fairhurst M C. Diversity in multiple classifier ensembles based on binary feature quantisation with application to face recognition[J]. Applied Soft Computing, 2008, 8(1):437-445.

[13] 黄南天, 方立华, 王玉强, 等. 基于局域均值分解和支持向量数据描述的高压断路器机械状态监测[J].电工电能新技术, 2017, 36(1): 73-80.

[14] Brankovic A, Falsone A, Prandini M. A feature selection and classification algorithm based on randomized extraction of model populations[J]. IEEE Transactions on Cybernetics, 2017, 48: 1151-1162.

[15] Huang N, Fang L, Cai G, et al. Mechanical fault diagnosis of high voltage circuit breakers with unknown fault type using hybrid classifier based on LMD and time segmentation energy entropy[J]. Entropy, 2016, 18(9): 322.

第5章 基于熵特征高效时域特征提取的高压断路器机械故障诊断

5.1 基于时域分割的特征提取

5.1.1 原始信号时域分割方式和依据

以使用弹簧操动机构的 LW9-72.5 型高压断路器为分析对象,采用压电式加速度传感器检测振动信号,采用 NI 9234 和 NI 9401 数据采集卡采集数据。以断路器接收到分闸动作指令的时刻为坐标零点,采样总时间为 2900ms,采样率为 25.6kHz/s,4 种机械状态下的振动信号记录起点与采集信号时间长度相同。分别测得高压断路器在分闸操作时四种不同状态下的振动信号:正常状态;铁芯卡涩;螺丝松动;润滑不足。系统从断路器接收到分闸指令时刻开始采集振动信号,在相同条件下进行多次分闸操作,共获得 4 种状态下的实测振动信号各 50 组。为有效提取 HVCBs 原始振动信号在特定时间段内的特征,采用统一时间尺度对原始信号进行时域分割,不同故障类型信号以相同尺度进行分割,并对分割后信号的每一段进行时域特征提取。以具有标志性意义的正常状态下操动机构收到分闸触发指令到振动信号振幅达到峰值的时长 (T_p) 为一个周期,将信号分为 9 段,图 5-1 为典型断路器故障原始信号及其时域分割示意图。

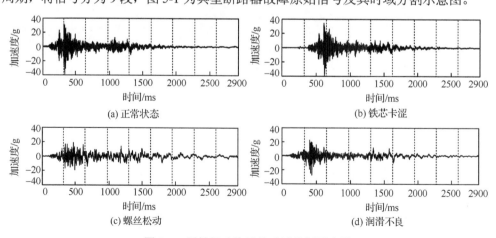

图 5-1 原始振动信号的时域分割示意图

5.1.2 时域分割后的特征计算

为提高特征提取效率，降低设备成本的压力，直接对振动信号进行时域分割 (time domain segmentation, TDS)，并对分割后的每一段提取 16 种时域特征用于断路器的状态识别分析。由此构建 144 维原始特征集合，以评估不同时域特征组合分类能力。

直接对时域分割后各段信号进行时域特征提取，能够避免时-频处理时损失高频信息，保证特征信息的完整性，同时节省信号处理时间。从原始振动信号中可以看出，与正常信号相比，铁芯卡涩故障的动作有较长延迟时间；基座螺丝松动故障的波动幅值整体较小，衰减速度慢；拐臂润滑不良故障的幅值较小，振动时间更长。因此在时域分割中，可以更加突出不同类型故障信号之间的差别，进而采用分割后的每段信号进行特征提取构成特征向量，对 HVCBs 状态进行识别。新方法除了传统的时域特征外，还加入了 5 种熵值特征，更能反映时域分割后不同时段信号的幅值变化程度、振荡衰减速度等特点。表 5-1 分别列出了 16 种特征的计算公式和特征编号，其中 $x(n)(n=1,2,\cdots,N)$ 为第 n 个采样点对应的幅值，N 为时域分割后每段的采样点总数，max 为取最大值函数，min 为取最小值函数，p_n 为第 n 个采样点的概率密度，α 为熵值计算的参数。相关计算公式如表 5-1 所示。

表 5-1　特征计算公式

特征	公式	特征编号	特征	公式	特征编号
峰值	$F_{pv} = \max(|x(n)|)$	F1-F9	波形指标	$F_{sf} = \dfrac{F_{rms}}{F_{av}}$	F73-F81
均值	$F_{mv} = \dfrac{1}{N}\sum\limits_{n=1}^{N} x(n)$	F10-F18	脉冲指标	$F_{if} = \dfrac{F_{pv}}{F_{av}}$	F82-F90
标准差	$F_{std} = \sqrt{\dfrac{1}{N}\sum\limits_{n=1}^{N}[x(n)-F_{mv}]^2}$	F19-F27	裕度指标	$F_{mf} = \dfrac{F_{pv}}{F_{sra}}$	F91-F99
方差	$F_{tv} = \dfrac{1}{N}\sum\limits_{n=1}^{N}[x(n)-F_{mv}]^2$	F28-F36	碰撞熵	$F_{ce} = -\lg\sum\limits_{n=1}^{N} p_n^{\alpha}$	F100-F108
偏斜度	$F_{sv} = \dfrac{1}{N}\sum\limits_{n=1}^{N}\left[\dfrac{x(n)-F_{mv}}{F_{std}}\right]^3$	F37-F45	Hartley 熵	$F_{he} = \lg\sum\limits_{n=1}^{N} p_n^{\alpha}$	F109-F117
峭度	$F_{kv} = \dfrac{1}{N}\sum\limits_{n=1}^{N}\left[\dfrac{x(n)-F_{mv}}{F_{std}}\right]^4$	F46-F54	Shannon 熵	$F_{se} = -\sum\limits_{n=1}^{N} p_n \log_2 p_n$	F118-F126
方根幅值	$F_{sta} = \left[\dfrac{1}{N}\sum\limits_{n=1}^{N}\sqrt{|x(n)|}\right]^2$	F55-F63	Tsallis 熵	$F_{te} = -\dfrac{1}{\alpha-1}\log_2\left(1-\sum\limits_{n=1}^{N} p_n^{\alpha}\right)$	F127-F135
峰峰值	$F_{ppv} = \max[x(n)] - \min[x(n)]$	F64-F72	Renyi 熵	$F_{re} = \dfrac{1}{1-\alpha}\log_2\sum\limits_{n=1}^{N} p_n^{\alpha}$	F136-F144

5.2 特 征 选 择

5.2.1 Split 重要度值对特征分类能力的衡量效果

在 LightGBM 的训练过程中，特征的 Split 值表示在训练中使用到该特征的次数，因而可以通过计算特征的 Split 值来判断特征的重要度，进而构建最优特征子集。首先计算原始振动信号经时域分割后的各个特征的 Split 重要度值，计算结果如图 5-2 所示。

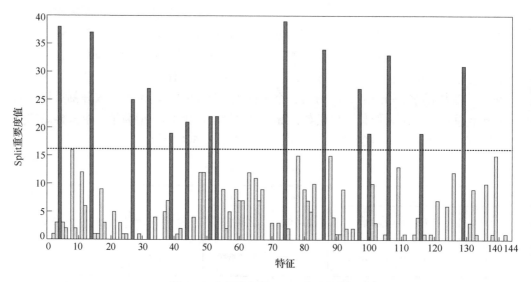

图 5-2　全部特征的 Split 重要度值

为了验证 Split 重要度衡量特征分类能力的有效性，在原始特征集合 Split 重要度排序中分别选择重要度值最高、较高、较低、最低的四个特征（F74、F4、F112 和 F9），分析这四个特征在四种不同状态下的数值分布。分别选取四种状态各 10 组数据计算特征值，并根据特征值的分布构建箱线图进行展示分析。断路器不同状态下各特征的分布情况如图 5-3 所示。

由图 5-3 分析可知，特征 F74 和 F4 在 HVCBs 的四种不同状态下特征值具有明显差异性，类别间交叉度较小，具有较好的类可分性；相比之下，特征 F112 和 F9 在四种状态下分布无明显差异，类别间存在明显交叉，类可分性较差。这说明 Split 重要度能够有效评估振动信号时域特征分类能力。

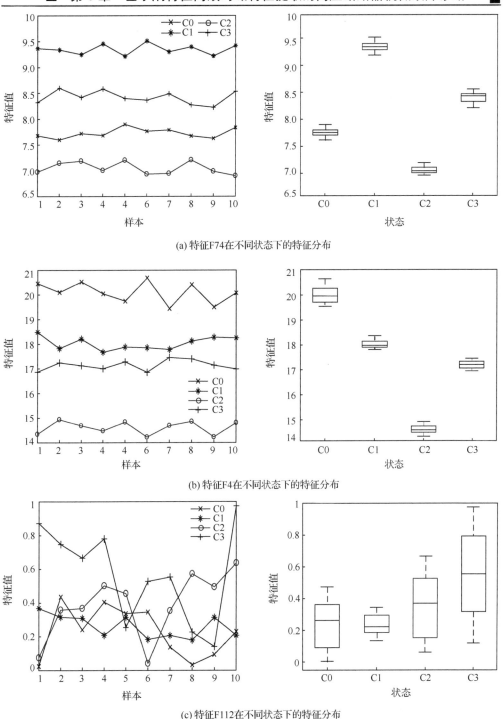

(a) 特征F74在不同状态下的特征分布

(b) 特征F4在不同状态下的特征分布

(c) 特征F112在不同状态下的特征分布

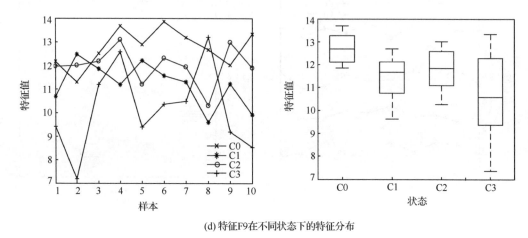

(d)特征F9在不同状态下的特征分布

图 5-3 Split 重要度高与低的特征在不同状态下的特征值分布范围

5.2.2 基于 Split 重要度值的前项特征选择

将特征按照 Split 重要度降序排列，开展前向特征选择，依次将特征加入特征子集中，每加入一个特征，计算在该特征子集下分类器的识别准确率，重复此过程直到所有特征均加入特征集合中，再根据最高识别准确率确定最优特征子集。整个过程中分类器的识别准确率变化如图 5-4 所示，当特征维数为 14 维时，LightGBM 分类准确率达到最高。

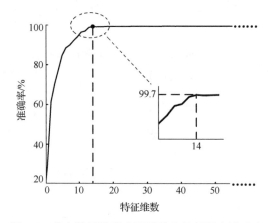

图 5-4 前向特征选择中不同维度特征组合准确率

构成最优特征子集的相关特征描述如表 5-2 所示，最优特征中含 4 维熵特征，体现了熵值特征在特定时段内对信号特性的表征能力。

表 5-2　最优特征子集中的特征

特征编号	特征描述	特征编号	特征描述
F74	第 2 段波形指标	F97	第 7 段裕度指标
F4	第 4 段峰值	F27	第 9 段标准差
F14	第 5 段均值	F51	第 6 段峭度
F86	第 5 段脉冲指标	F53	第 8 段峭度
F106	第 7 段碰撞熵	F44	第 8 段偏斜度
F129	第 3 段 Tsallis 熵	F100	第 1 碰撞熵
F33	第 6 段方差	F116	第 8 段 Hartley 熵

5.3　高压断路器高效故障诊断分类器的构建

梯度提升决策树(gradient boosting decision tree，GBDT)是一个基于决策树[1]的集成学习框架，在众多领域表现出了良好的分类准确率，但在训练样本较少的 HVCBs 故障诊断领域易发生过拟合、训练速度慢等问题，并不能完全满足高压断路器故障诊断需求。LightGBM 是 GBDT 的改进[2]，增强了对噪声的鲁棒性，同时保证了良好的评估准确性和训练速度。在高压断路器故障诊断模型训练过程中，采用单边梯度采样(gradient-based one-side sampling，GOSS)与互斥稀疏特征绑定(exclusive feature bundlinge，EFB)方法对数据进行预处理，采用多线程并行直方图加速训练进程，采用带深度限制的 Leaf-wise 生长策略，避免了小故障样本导致的过拟合风险，显著提升了断路器状态识别的效率和准确率，增强了模型的泛化能力和抗噪声能力。

5.3.1　梯度提升决策树

GBDT 是一种基于 Boost 迭代思想的迭代决策树算法，除使用原始指标生成的第一棵决策树外，每次迭代中的目标都将前者的损失函数值最小化，即每一棵决策树的建立都是为了减少之前模型的残差，使得残差向梯度方向减小。GBDT 的训练过程为阶梯状，需要对所有决策树的结果进行线性综合，产生最终的分类结果。在训练过程中，设建立的第 t 颗树为 $f_t(x)$，θ_t 为第 t 颗树的参数。则有

$$\begin{cases} F_0(x) = 0 \\ F_1(x) = F_0(x; \theta_0) + f_1(x; \theta_1) \\ F_2(x) = F_1(x) + f_2(x; \theta_2) \\ \quad\quad\vdots \\ F_t(x) = F_{t-1}(x) + f_t(x; \theta_t) \end{cases} \tag{5-1}$$

GBDT 使用决策树来学习出一个从输入空间 X^s 到梯度空间 G 的映射函数。假设有一个数据量为 n 的训练集 $\{x_1,\cdots,x_n\}$，其中每个 X_i 是空间 X^s 中一个维度 S 的向量。在每一次梯度提升迭代中，损失函数负梯度在当前模型输出的值表示为 $\{g_1,\cdots,g_n\}$。在决策树模型信息增益最大的特征处进行分割。信息增益通常是通过分裂后的方差来度量的，设 O 为决策树一个固定节点内的数据集。此节点处特征 j 在 d 分割点的方差增益定义为

$$V_{j|O}(d)=\frac{1}{n_O}\left[\frac{\left(\sum_{\{x_i\in O:x_{ij}\le d\}}g_i\right)^2}{n_{l|O}^j(d)}+\frac{\left(\sum_{\{x_i\in O:x_{ij}>d\}}g_i\right)^2}{n_{r|O}^j(d)}\right] \tag{5-2}$$

式中，$n_O=\sum I|x_i\in O|$；$n_{l|O}^j(d)=\sum I|x_i\in O:x_{ij}\le d|$；$n_{r|O}^j(d)=\sum I|x_i\in O:x_{ij}>d|$。

对于特征 j，决策树选择的最优分割点为 $d_j^*=\arg\max_d V_j(d)$，计算得到的最大增益为 $\tilde{V}_j(d_j^*)$。然后按照特征 j^* 在点 d_j^* 处将数据划分成左子树和右子树。

5.3.2 基于高压断路器振动信号时域特征的分类器构建

传统的 Boosting 算法需要扫描每个特征的所有样本点来选择最好的切分点，不能满足高压断路器高效故障诊断的需求，LightGBM 使用 GOSS 和 EFB 对数据进行预处理，构建高压断路器振动信号的轻量化特征，能显著减少搜索时间，提升训练效率。

GOSS 的数据采样过程中只保留梯度较大的数据，且不影响数据的总体分布。首先将数据梯度值按绝对值降序排序，选取前 a*100% 个数据，然后在剩下的较小梯度数据中随机选择 b*100% 个数据，并且将 b*100% 个数据乘以一个常数 $\left(\frac{1-a}{b}\right)$ *100%，最后使用 (a+b)*100% 个数据来计算信息增益。a 为大梯度样本的采样比例，b 为小梯度样本的采样比例。设 a*100% 为数据子集 A；设 b*100% 个数据为数据子集 B。最后我们在并集 $A\bigcup B$ 上计算方差增益 $\tilde{V}_j(d)$，如式 (5-3)。GOSS 以较小数据集信息增益确定分割点，信息增益计算成本大大减少，不会过多损失训练精度，且效果优于随机采样方法。

$$\tilde{V}_j(d)=\frac{1}{n}\left[\frac{\left(\sum_{x_i\in A_l}g_i+\frac{1-a}{b}\sum_{x_i\in B_l}g_i\right)^2}{n_l^j(d)}+\frac{\left(\sum_{x_i\in A_r}g_i+\frac{1-a}{b}\sum_{x_i\in B_r}g_i\right)^2}{n_r^j(d)}\right] \tag{5-3}$$

式中，$A_l=\{x_i\in A:x_{ij}\le d\}$；$A_r=\{x_i\in A:x_{ij}>d\}$；$B_l=\{x_i\in B:x_{ij}\le d\}$；$B_r=\{x_i\in B:x_{ij}>d\}$。

高压断路器振动信号的特征维度高，通过 EFB 方法将稀疏特征进行融合绑定在

一起，可以使特征数量大大减少。稀疏特征进行融合绑定可简化为图作色问题，具体步骤如下。

（1）设 $G=(V,E)$，把关联矩阵 G 的每一行看成特征，从而得到$|V|$个特征，互斥束为图中颜色相同的顶点，将图中的点看做特征，将边看做特征之间的冲突。并按照互斥束的度来进行排序，确定特征绑定最优结果。

（2）为确保绑定前的原始特征的值可以在特征绑定时被识别，考虑到之后的直方图算法将连续的值保存为离散的桶，为此在特征值中加一个偏置常量，使得不同特征的值分到绑定集合中的不同桶中。

例如：假设 2 个特征在一个特征束中，特征 A 的范围为[0,10)，特征 B 的范围为[0,20)，给特征 B 加上一个偏移 10，变成[10,30)之后进行合并，用特征束[0,30)代替特征 A 和 B。

5.3.3　多线程并行直方图加速

LightGBM 采用直方图算法对所有特征进行分桶归一化，将原本连续的数据划分到离散的 k 个桶中，如图 5-5 所示。遍历数据时，将离散值作为索引，索引值积累在每个桶中，遍历一次数据就能够得到每个桶的积累量。

高压断路器的振动信号的特征维度高，计算量和内存占用量较大，为提高故障诊断的效率，在训练过程中应采用更高效的遍历方式。传统的 Boosting 算法需要对特征进行预排序并且需要保存排序后的索引值，每次遍历分割点都需要进行分裂增益计算，计算代价过大。新方法的预排序图算法中叶子的直方图可以由其父亲节点直方图与兄弟节点直方图做差得到，仅需遍历每个桶就能得到它兄弟叶子的直方图，减少了计算量和内存的消耗，有效提升了训练效率。

高压断路器的振动信号是非平稳、非线性的，易受噪声干扰，含有噪声的数据会在真实值附近的小范围内波动，当模型逼近能力很强以至于学习到这些波动时，就会造成过拟合的问题。应用直方图算法，对于每一维特征，处于一定区间内的值都会被划分进同一个"桶"，从而获得同样的索引，可以显著改善断路器振动信号噪声引起的过拟合现象。

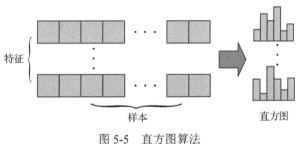

图 5-5　直方图算法

5.3.4 带深度限制的 Leaf-wise 生长策略

高压断路器振动信号的时间、空间复杂度高，故障诊断过程中应用尽可能短的时间达到好的分类效果，且应避免过拟合。在 Boosting 方法中，决策树的生长策略直接影响分类的准确率和效率。传统的 Boosting 方法使用如图 5-6 所示的按层生长(level-wise)的决策树生长策略，每次对所有叶子进行分裂，但对分裂增益低的叶子进行分裂会浪费计算时间和内存消耗。LightGBM 使用如图 5-7 所示的带有深度限制的按叶子生长(leaf-wise)的策略，每次从当前所有叶子中进行搜索，找到分裂增益最大的一个叶子进行分裂。同 level-wise 相比，在分裂次数相同的情况下，Leaf-wise 能够有效减少计算时间，降低误差和提升精度。但采用 Leaf-wise 生长策略易建成较深的决策树，产生过拟合，因此LightGBM 在 Leaf-wise 之上增加了一个最大深度的限制，在保证高效率、高精度的同时防止过拟合。

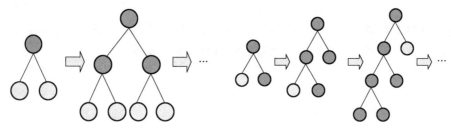

图 5-6　level-wise 策略示意图　　　　图 5-7　leaf-wise 策略示意图

5.4　案 例 分 析

5.4.1　故障诊断流程

本方案主要包括特征提取、特征选择和故障诊断。在高压断路器的故障诊断中，首先采集目标 HVCBs 的振动信号，然后对原始振动信号进行基于时域分割和最优特征子集的特征提取，最后将特征输入到训练好的 LightGBM 模型中实现断路器的状态识别。故障诊断流程如图 5-8 所示。

5.4.2　基于时域分割的特征提取效率分析

为分析基于时域分割的特征提取新方法相比传统方法特征提取的效率，边缘侧针对同一组振动信号在不同的特征提取方法下所需的特征提取时间如图 5-9 所示。

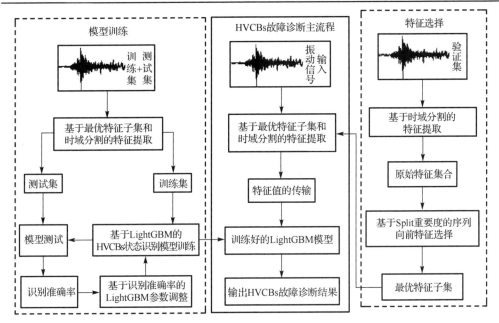

图 5-8　HVCBs 故障诊断流程图

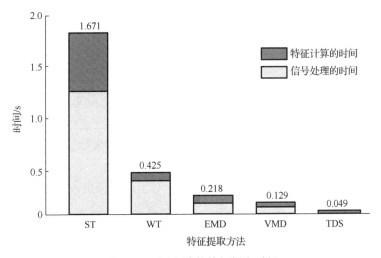

图 5-9　不同方法的特征提取时间

由图 5-9 可知，新方法与 S-变换（S-transform，ST）、WT、EMD 和 VMD 相比，没有信号处理时间，整体特征提取时间远低于各基于信号处理的特征提取方法。因此，在保证高分类准确率的同时，简化特征提取过程，从而提高特征提取效率具有重要的实际意义。

5.4.3 LightGBM 分类器的分类效果分析

为验证 LightGBM 的分类准确性,实验采用 RF、SVM、GBDT、XGBoost 和 LightGBM 5 种分类器对 HVCBs 的故障类型进行诊断。实验中采用相同的时域分割方法和相同的特征提取公式,采用前向特征选择方法根据不同分类器的分类准确率来确定不同分类器的最优特征子集。特征选择过程中,对不同特征子集下建立的分类器进行参数优化,以分类过程中得到的分类错误率最小为目标,使用 10 折交叉验证结合贝叶斯优化[3]确定分类器的最佳参数。各种分类器的最佳参数、最优特征维度和最优准确率如表 5-3 所示。对比方法 RF、SVM[4-6]、GBDT、XGBoost 最优分类准确率分别为 95.83%、95.00%、93.33% 和 97.50%,最高分类准确率对应特征子集维数分别为 31、24、19、17。经对比发现,在保证准确率最高的前提下,LightGBM 对应的最优特征子集维度最小。

表 5-3 不同分类器的特征选择

分类器	最优特征维度	最优准确率/%	分类器最优参数设置
RF	31	95.83	'n_estimators':100, ' max_depth':10, 'min_samples_split':100, 'max_features'= log2, 'oob_score'=True
SVM	24	95.00	'-t':2, 'r(gama)':0.2, 'n':5-fold, '-c':1,'-p':0.1
GBDT	19	93.33	'min_samples_leaf':1,'min_samples_split':2,'min_samples_leaf'=2,'min_weight_fraction_leaf'=0.0
XGBoost	17	97.50	'max_depth':4,'learning_rate':0.11,'n_estimators',105,'min_child_weight':1,'gamma':0.1,'reg_alpha'=0.002, 'reg_lambda'=0.05, num_threads':2
LightGBM	14	99.17	'learning_rate':0.08,'n_estimators':125,'max_depth':7,'num_leaves':38,'min_data_in_leaf':21,'min_sum_hessian_in_leaf':0.002,'bagging_fraction':0.5,'feature_fraction':0.2,'lambda_l1':0.001,'lambda_l2':0.08,'num_threads':2

根据表 5-3 中构建的最优分类器,另外选择 10 组数据验证最优分类器性能,分类结果如图 5-10 所示。

由图 5-10 分析可知,RF 在识别 C1 和 C3 时出现误识别,平均准确率为 92.5%; SVM 在识别 C1 与 C2 时出现误识别,平均准确率为 90.0%;GBDT 在识别 C1 和 C2 时出现误识别,平均准确率为 87.5%;XGBoost 在识别 C3 时出现误识别,平均准确率为 97.5%;而 LightGBM 在识别 4 种状态时准确率均达到了 100%。

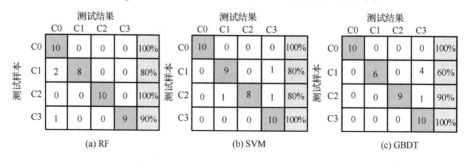

(a) RF (b) SVM (c) GBDT

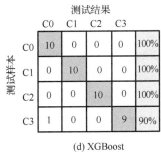 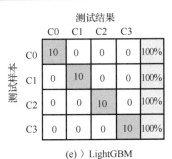

图 5-10　五种不同分类器的分类结果

高压断路器的工作特性决定了其不能频繁动作，因而对状态识别的准确性和故障诊断的整体效率要求高。LightGBM 采用 GOSS 和 EFB 的数据预处理方法和多线程并行直方图加速法，最大程度上缩短故障诊断时间，保证了 HVCBs 振动信号数据的传输效率，同时采用带深度限制的 Leaf-wise 生长策略，能有效避免由噪声引起的过拟合情况，分类准确率高。因此，LightGBM 能够提高故障诊断效率和准确率，保证断路器正常工作。

5.5　本 章 小 结

本章提出的新方法主要实现了对 HVCBs 原始振动信号的特征提取，以及对 HVCBs 状态的准确识别。本章通过对比实验展现了新方法在诊断实例中的良好效果，本方法的优点如下。

(1) 直接对时域分割后的各段信号进行多类含熵特征时域特征提取，能够保证特征信息的完整性，有效缩短特征提取时间，且特征分类效果好。

(2) 基于 Split 重要度值开展前向特征选择，确定最优特征集合，有效降低特征计算量与分类器复杂度。

(3) 将 LightGBM 引入高压断路器的故障诊断，用 GOSS 与 EFB 方法对数据进行预处理，用多线程并行直方图对训练进行加速，并采用带深度限制的 Leaf-wise 生长策略，有效避免小故障样本导致的过拟合风险，提升断路器状态识别的效率和准确率，增强模型的泛化能力和抗噪声能力。

新方法能够准确、高效识别高压断路器机械状态，在高压断路器故障诊断方面具有广泛的应用前景，未来将尝试结合通信技术，形成完整的状态监测系统，实现对高压断路器的异常状态预警及远程故障诊断。

参 考 文 献

[1]　Yuan Y, Li S, Zhang X, et al. A comparative analysis of SVM, Naive bayes and GBDT for data

faults detection in WSNs[C]//2018 IEEE International Conference on Software Quality, Reliability and Security Companion（QRS-C）, 2018: 394-399.

[2]　Gao X, Luo H, Wang Q, et al. A human activity recognition algorithm based on stacking denoising autoencoder and lightGBM[J]. Sensors, 2019, 19（4）: 947.

[3]　Kholod I I, Kuprianov M S, Titkov E V, et al. Training normal bayes classifier on distributed data[J]. Procedia Computer Science, 2019, 150: 389-396.

[4]　Huang N, Fang L, Cai G, et al. Mechanical fault diagnosis of high voltage circuit breakers with unknown fault type using hybrid classifier based on LMD and time segmentation energy entropy[J]. Entropy, 2016, 18: 322.

[5]　Zhang D, Qian L, Mao B, et al. A data-driven design for fault detection of wind turbines using random forests and XGboost[J]. IEEE Access, 2018, 6: 21020-21031.

[6]　Liu C, Wu Y, Zhen C. Rolling bearing fault diagnosis based on variational mode decomposition and fuzzy C means clustering[J]. Proceedings of the CSEE, 2015, 35（13）: 3358-3365.

第6章 采用局部时-频奇异值与优化随机森林的高压断路器机械故障诊断

6.1 随机森林分类原理及优化

1. 随机森林构建

随机森林是一种基于决策树和集成学习的新型强分类器,集合了自助抽样和随机子空间两种思想,其抗噪性好、需要优化的参数少、受过拟合影响小。随机森林的构建流程可分为以下三个步骤。

步骤1:对于有 m 个样本的原始特征集合 N,利用自助重采样技术有放回地抽取样本,组成新的样本集合作为训练集,共抽取 k 次,每个训练集中的样本数都与 N 相同,均为 m。

步骤2:选取一个训练集建立决策树模型,决策树任其生长,不进行剪枝处理。当训练集中的样本数为1时无法继续分裂,或训练集的熵为0所有样本均指向同一标签时停止生长。

步骤3:对每个训练集进行上述步骤一次,生成 k 棵子决策树。

2. 随机森林分类

测试集数据输入随机森林后共产生 k 个结果,最终结果由投票决定,投票公式为

$$R(x) = \arg\max_y \sum_{i=1}^{k} I[r_i(x) = y] \tag{6-1}$$

式中, x 为待测数据; y 为目标分类; $R(x)$ 为分类的结果; $r_i(x)$ 为第 i 棵决策树模型; arg 为取平均值; I 为示性函数。

3. 随机森林参数优化

随机森林涉及的可调参数包括树的棵数、树的最大深度、单个决策树的最大特征数等。各参数对随机森林性能有不同程度的影响,其中树的棵数对诊断准确率影响较大,树的棵数越多分类越准确,但占用的内存与训练时间也会相应增长,因而

最优树的棵数选择难度较大。

泛化误差可以衡量随机森林模型的分类准确性、计算速度和泛化能力等，泛化误差与随机森林的分类效果成反比。因此，可以通过树的棵数对泛化误差与诊断准确率的综合影响来找到最优树的棵数。泛化误差的计算方法如下：

$$PE^* = P_{x,y}[K(x,y) < 0]$$
$$K(x,y) = \arg I[r(x,\theta_k) = y] - \arg\max_{j \neq y}[r(x,\theta_k) = j] \tag{6-2}$$

式中，PE^* 为泛化误差；$K(x,y)$ 为余量函数；θ_k 为与第 k 棵数独立分布的随机向量；j 为待测数据 x 的某一分类。

为了检验泛化误差与诊断准确率综合指标对树的棵数的寻优效果，对 RF 进行训练，结果如图 6-1 所示。在树的棵数从 0 到 160 的变化过程中，优化随机森林（optimizing random forests，ORF）的泛化误差先降低后升高，故障诊断准确率先迅速升高后缓慢升高。综合考虑泛化误差与诊断准确率的变化情况，当树的棵数为 80 时，泛化误差达到最低值 0.203，此时诊断准确率高达 96.27%，而在树的棵数大于 80 时诊断准确率的提高并不明显，故当棵数为 80 时 RF 的综合分类效果最佳。

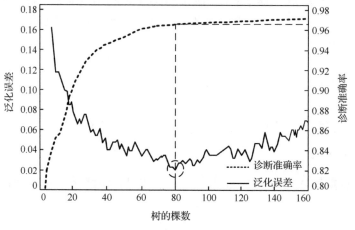

图 6-1　树的棵数对泛化误差与诊断准确率的影响

6.2　故障诊断流程

6.2.1　HVCBs 故障诊断流程

新方案的流程主要包括特征提取和故障诊断。首先对原始振动信号进行 S 变换处理[1]，然后对时-频域矩阵进行局部奇异值分解[2]，以各子矩阵最大奇异值作为特征向量,最终输入到优化随机森林中实现断路器的状态识别。故障诊断流程如图 6-2 所示。

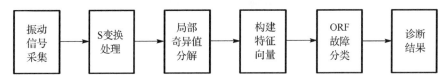

图 6-2 HVCBs 故障诊断流程

6.2.2 基于虚拟仪器的实测信号采集系统

以 LW9-72.5 型 SF$_6$ 断路器为分析对象,使用 NI 9234 数据采集卡与压电式加速度传感器来采集数据,采样时间为 2500ms,采样率为 25.6kHz,振动信号采集系统如图 6-3 所示。

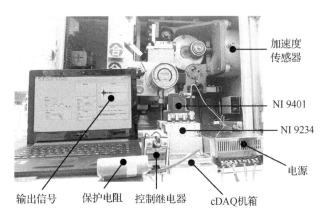

图 6-3 振动信号采集系统

在现场实验中,用图 6-3 所示系统模拟高压断路器不同状态下的实测振动信号:正常状态、铁芯卡涩、螺丝松动、润滑不良,图 6-4 为系统采集的原始实测振动信号。在相同条件下进行多次实验,共获得 4 种状态下的振动信号各 40 组。

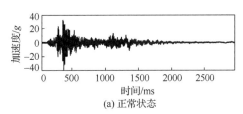

(a) 正常状态

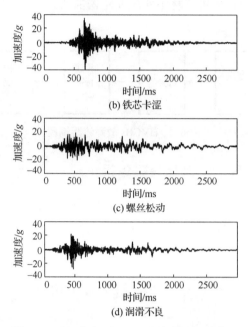

(b) 铁芯卡涩

(c) 螺丝松动

(d) 润滑不良

图 6-4　不同状态下 HVCBs 的实测振动信号

6.2.3　振动信号处理

　　HVCBs 四种状态下的振动信号经 S 变换处理后得到时-频模值矩阵如图 6-5 所示。与正常信号相比，铁芯卡涩故障的能量波动出现时间较晚，而频域上的能量分布基本一致；基座螺丝松动故障的能量波动随时间变化小，能量更集中于低频部分；拐臂润滑不良故障的振动时间更长，低频部分的能量更高。

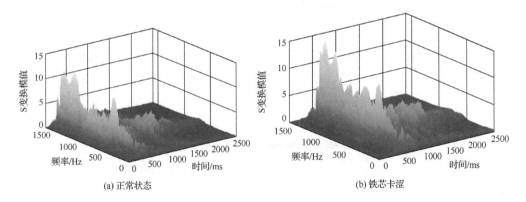

(a) 正常状态　　　　　　　　　　　　　　　　　　(b) 铁芯卡涩

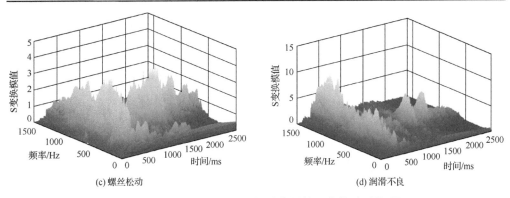

(c) 螺丝松动   (d) 润滑不良

图 6-5 不同状态下 HVCBs 振动信号的 S 变换时-频矩阵

6.2.4 局部奇异值分解提取特征

由图 6-5 中 S 变换后的时-频矩阵可以看出，当时间大于 2000ms 时，四种状态的振动信号幅值都较小，而且没有明显差别。因此，为了更准确地获得有效信息，只对 2000ms 前的矩阵进行 SVD 处理。对于整个时-频矩阵，沿时域等距离划分成 20 个子矩阵，沿频域等距离划分为 10 个子矩阵，分别计算时域最大奇异值λ_{tmax} 和频域最大奇异值λ_{fmax} 构建特征向量如图 6-6 所示。

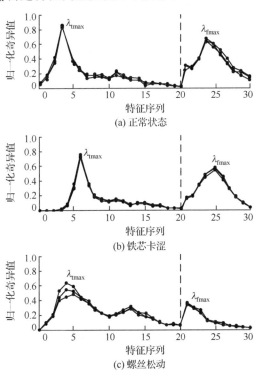

(a) 正常状态

(b) 铁芯卡涩

(c) 螺丝松动

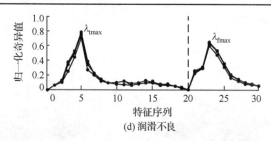

图 6-6　不同状态下 HVCBs 振动信号的特征向量

图 6-6 展示了用局部 SVD 从时间和频率两个方面提取的信号特征所构成的特征向量。HVCBs 振动信号不同状态下的特征向量差异明显、可分离性强，有利于随机森林进行分类识别。

6.2.5　优化随机森林进行故障诊断

HVCBs 振动信号采集系统共采集 4 种状态下的各 40 组数据，其中每种状态数据选 30 组作为训练集。将选择好的训练集输入到随机森林中训练，并以泛化误差和诊断准确率为综合指标对树的棵数进行寻优，得到训练好的 ORF 模型，实现 HVCBs 的状态识别。

6.3　故障诊断实例分析

6.3.1　不同特征提取方式比较

为了验证 S 变换特征提取的优越性，分别用 S 变换、EMD、LMD 和 EEMD 处理振动信号并提取特征。EMD 与 EEMD 将信号分解为本征模函数，处理信号时取前 9 个本征模函数分量；LMD 将信号分解为乘积函数，在处理信号时取前 7 个乘积函数分量。对正常状态（C0）、铁芯卡涩（C1）、基座螺丝松动（C2）和拐臂润滑不足（C3）4 种状态各取 10 组数据测试分类效果，分类器均采用优化随机森林。测试结果如表 6-1 所示（其中 S 变换-C0 代表用 S 变换进行特征提取的正常状态样本，其他含义可类推）。

表 6-1　不同特征提取方式对比分析

测试样本	测试结果				分类准确率/%	特征维度	总时间/s
	C0	C1	C2	C3			
S 变换-C0	10	0	0	0	100	30	4.77513
S 变换-C1	0	10	0	0	100		
S 变换-C2	0	0	10	0	100		
S 变换-C3	0	0	0	10	100		

续表

测试样本	测试结果				分类准确率/%	特征维度	总时间/s
	C0	C1	C2	C3			
EMD-C0	10	0	0	0	100		
EMD-C1	0	10	0	0	100	153	12.86385
EMD-C2	1	0	9	0	90		
EMD-C3	0	0	0	10	100		
LMD-C0	10	0	0	0	100		
LMD-C1	5	5	0	0	50	119	3.66778
LMD-C2	0	0	10	0	100		
LMD-C3	0	0	0	10	100		
EEMD-C0	9	0	0	1	90		
EEMD-C1	10	0	0	0	0	153	13.76319
EEMD-C2	0	0	10	0	100		
EEMD-C3	0	0	0	10	100		

采用 EMD、LMD 和 EEMD 特征提取方式时，对 HVCBs 的状态识别均出现误识别情况，而采用 S 变换时，对 4 种状态的状态识别准确率都达到了 100%。而且 S 变换的特征维度较其他方法更低，特征提取时间也较短。因此，采用 S 变换进行特征提取的准确率更高，总体效果也更好。

6.3.2 不同分类器的比较

为验证优化随机森林的分类准确性，实验采用 RF、ORF、SVM 和 ELM 4 种分类器对 HVCBs 的故障类型进行诊断。对正常状态(C0)、铁芯卡涩(C1)、基座螺丝松动(C2)和拐臂润滑不足(C3) 4 种状态各取 30 组数据进行训练，再取另外 10 组数据测试多分类效果，分类结果如表 6-2 所示。SVM 在识别 C1 时出现误识别，ELM 在识别 C1 与 C3 状态时均出现误识别，RF 在识别 C3 时出现误识别，而 ORF 在识别 4 种状态时准确率均达到了 100%。因此，对于 HVCBs 状态识别，优化随机森林具有更高的准确性。

表 6-2 不同分类器状态识别结果

分类器	测试样本	测试结果				分类准确率/%
		C0	C1	C2	C3	
SVM	C0	10	0	0	0	100
	C1	2	8	0	0	80
	C2	0	0	10	0	100
	C3	0	0	0	10	100

续表

分类器	测试样本	测试结果				分类准确率/%
		C0	C1	C2	C3	
ELM	C0	10	0	0	0	100
	C1	1	9	0	0	90
	C2	0	0	10	0	100
	C3	1	0	0	9	90
RF	C0	10	0	0	0	100
	C1	0	10	0	0	100
	C2	0	0	10	0	100
	C3	1	0	0	9	90
ORF	C0	10	0	0	0	100
	C1	0	10	0	0	100
	C2	0	0	10	0	100
	C3	0	0	0	10	100

6.4 本 章 小 结

本章提出的新方法主要实现了对 HVCBs 原始振动信号的处理和特征提取，以及对 HVCBs 状态的准确识别。本章通过对比实验展现了新方法在诊断实例中的良好效果，本方法的优点如下。

(1) 对原始信号进行 S 变换和局部奇异值分解，将各子矩阵的最大奇异值作为特征向量，信号的时-频特性表现能力与抗噪能力强，特征提取效果好。

(2) 将随机森林引入断路器故障诊断，并优化相关参数，实验证明，ORF 的分类精度高，能有效防止过拟合，对树的棵数寻优效果好，对 HVCBs 状态识别的准确性高。

新方法能够准确、高效识别高压断路器机械状态，及时发现电气设备存在的安全隐患，在高压断路器故障诊断方面具有广泛的应用前景。未来将尝试结合通信技术与边缘计算，实现对电气设备的异常状态预警及远程故障诊断。

参 考 文 献

[1] 黄南天, 陈怀金, 林琳, 等. 基于 S 变换和极限学习机的高压断路器机械故障诊断[J]. 高压电器, 2018, 54(6): 74-80.

[2] 张欣, 张静, 高旭, 等. 采用局部时—频奇异值与优化随机森林的高压断路器机械故障诊断[J]. 高压电器, 2020, 56(6): 225-231.

风电机组篇
传动系统关键部件机械故障诊断

第7章 基于混合分类器的风电机组传动系统机械故障诊断

7.1 风电机组传动系统振动信号处理

风电机组传动系统各机械部件在运行过程中产生的振动信号蕴含着大量与其机械状态相关的信息。但是由于风电机组受到的扰动较为复杂，运行工况在多变风速的影响下不稳定，并且风电机组的结构较为复杂，各系统相互作用相互影响，风电机组振动信号表现出明显的非平稳性，给机械状态特征信息提取造成困难，因而需要对传动系统的振动信号进行预处理。另外考虑到强背景噪声的干扰导致其振动特征容易被掩盖，传统的信号处理方法往往无法兼顾时间和频率特性，难以分离出传动系统振动信号的固有特征，需要采用更加先进的时频分析方法处理风电机组传动系统的振动信号。

目前在风电机组振动信号处理方面，较为常用的且最具代表性的信号处理方法包括经验模态分解（EMD）方法和小波变换（WT）方法。EMD 方法作为一种自适应分析方法，在故障诊断等领域得到大量应用，但存在理论不完备、计算效率较低、模态混叠及端点效应等问题。WT 方法具有完备的理论支撑，但本身不具有自适应性，在分析具体信号时，往往需要对小波基和分解尺度进行选择，且参数的选择对信号处理效果有较大影响。而作为一种新型高效的信号处理方法，经验小波变换（EWT）方法结合了 EMD 方法和 WT 方法各自的优点，具备自适应分解能力，不需要对小波基进行重新选择，分解效率高，且具有完备的小波理论作为支撑，但目前在故障诊断领域应用较少[1]。因此，本研究将 EWT 方法应用于风电机组传动系统故障诊断。

本章对比了 EWT 方法及 EMD 方法的改进方法，即局域均值分解（LMD）和集合经验模态分解（EEMD）方法的分解性能。以风电机组传动系统轴承和齿轮为分析对象，采用 EWT 算法将其振动信号分解为若干个模态，从时域和频域角度对其进行分析，为下一步特征提取做好准备。

7.1.1 自适应信号处理方法性能对比

EWT、LMD 及 EEMD 三种信号处理方法均具有自适应分解信号的能力，为证明本研究采用的 EWT 方法具有更好的分解性能且更适用于风电机组传动系统振动信号，以轴承振动信号为分析对象，对比 EWT、LMD 及 EEMD 三种信号处理方法的性能优劣。图 7-1 展示了三种信号处理方法分解轴承正常振动信号所得到的各分量。

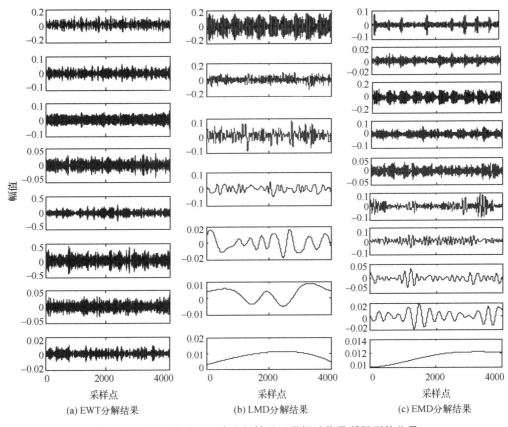

(a) EWT分解结果　　　　(b) LMD分解结果　　　　(c) EMD分解结果

图 7-1　三种信号处理方法分解轴承正常振动信号所得到的分量

　　从图 7-1 中难以直观看出三种方法分解效果的优劣，为了对三种分解方法的分解效果进行定量评定，以不同方法分解同一振动信号前后的能量变化（即分解前后信号的均方根有效值与原始信号的均方根有效值的关系）作为评价指标评定三种方法的分解效果[2]。评价指标的公式为

$$\theta = \frac{\left| \sum_{k=0}^{M} \mathrm{RMS}(f_k) - \mathrm{RMS}(x) \right|}{\mathrm{RMS}(x)} \tag{7-1}$$

式中，θ 表示分解前后原始信号的能量变化量，在此作为分解效果的评价指标；f_k、$\mathrm{RMS}(f_k)$、$\mathrm{RMS}(x)$ 分别表示第 k 个分量、第 k 个分量的均方根有效值和原始信号 $x(t)$ 的均方根有效值。其中原始信号 $x(t)$ 的均方根有效值可以表示为

$$\mathrm{RMS}(x) = \sqrt{\left[\sum_{t=1}^{T} x^2(t)\right]\bigg/T} \tag{7-2}$$

从评价指标的定义可以看出 $\theta \geqslant 0$，并且 θ 的数值越大，表明分解前后信号能量变化越大，分解结果受端点效应的影响越大，分解精度也就越低。

随机选取 20 组正常状态轴承振动信号作为测试信号，分别用 3 种方法进行分解。20 组测试信号经 3 种方法分解后所得分量的个数、分解所耗时间及评价指标的平均值如表 7-1 所示。

表 7-1　EWT、LMD 与 EEMD 分解结果对比

分解方法	分解结果		
	分量个数	分解时间/s	评价指标/θ
EWT	8	0.56	0.027
LMD	7	1.37	0.231
EEMD	10	2.55	0.052

从表 7-1 中可以看出，EWT 方法将轴承振动信号分解为 8 个分量，LMD 方法将原始信号分解为 7 个分量，而 EEMD 方法最终得到 10 个分量。通常来讲，分解得到的分量个数越多，得到分解水平相近、含有类似特征信息分量的可能就越多，从而导致分解的效率及分解精度的降低。从整个分解过程所消耗的时间来看，EWT 方法所消耗的时间要远远低于 LMD 和 EEMD，对于整个故障诊断过程，信号处理环节所消耗的时间越少，整个诊断过程所需时间就越少，从而可以更加迅速地进行故障诊断；从评价指标来分析，EWT 方法分解后计算得到的 θ 值要远小于另外两种方法，即 EWT 方法分解前后信号的能量值变化更小，说明 EWT 方法的分解精度更高，LMD 虽然在 EMD 的基础上做了相应改进，但仍然受到端点效应的影响。

7.1.2　基于 EWT 的风机传动系统振动信号处理与分析

1. 轴承振动信号处理与分析

凯斯西储大学（Case Western Reserve University，CWRU）提供的轴承数据集包含多个方面的轴承机械状态信息，包括不同的轴承故障部位、故障程度、故障轴承位置及不同的工作负载等，可以利用该数据集在多个角度、不同分类目标下开展实验，验证所提方法的有效性[4]，本研究以轴承故障部位为识别目标对本研究所提方法的有效性进行验证。为了得到更多的数据样本，以便于故障诊断的开展与方法验证，将整个采样时间分割为多个非重叠的等时间长度信号样本，不同研究中所采用的信

号样本长度从 2048 采样点至 8000 采样点不等。统计实验显示，当每段信号样本点数大于 4000 时，EWT 分解层数基本不再变化。考虑到所需样本的数量及每个样本所含的状态信息量，实验中选取在 12kHz 采样频率下不同负荷、不同故障位置、不同故障程度下采集的驱动端和风扇端轴承振动数据共 80 段，每段持续采样时间为 8.53s。为得到更多的样本，将每段故障信号分割为非重叠的 25 个样本，每个样本包含 4000 个点，共 2000 组样本。所提取的实验数据集合包含了 4 种负载(0、1、2 和 3hp)下 3 种故障(滚动体故障、内圈故障和外圈故障)的 1800 组样本以及 200 组正常样本。此时，每类故障包含 600 组样本，每个工作负荷下 150 组。

图 7-2 列出了转速为 1750 转/min 时，故障直径为 0.007 英寸的电机驱动端 SKF 6205 型轴承正常、滚动体故障、内圈故障和外圈故障振动信号波形图。从图 7-2 中可以看出，有效的故障信息大多被淹没在复杂强噪声中，无明显的周期性冲击特征，给故障诊断造成困难。

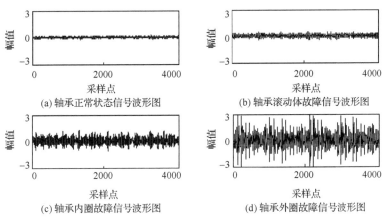

图 7-2　轴承振动信号波形图

为了提取有效的故障特征信息，并考虑到轴承振动信号的调制特性，将 EWT 用于轴承故障诊断。首先 EWT 根据检测到的轴承振动信号傅里叶频谱的极大值来对区间进行分割，然后基于分割区间构造一组正交滤波器组，从而将复杂的轴承振动信号分解为一系列的调幅-调频单分量成分，便于提取有效特征。4 类轴承信号 Fourier 频谱的划分边界和 EWT 的分解结果如图 7-3 和图 7-4 所示。

从图 7-3 看出，原始信号的傅里叶谱被分割为不同的区域，代表图 7-4 中相应 IMF 分量的频带范围。其中，滚动体故障信号和内圈故障信号的中低频(0~4000Hz)成分所占比重较大，高频成分所占比重较小。外圈故障信号的振动频段主要集中在 2000~4000Hz，其他频段内振动幅值较小。正常信号的振动成分主要集中在 2000Hz 以下的频段内。另外，4 种类型轴承信号分解得到的各个 IMF 分量的振动幅值也有较大差别，其极值出现时间与频率、能量周期性变化情况等均有不同。因此，EWT

的分解结果可以从时域和频域两个角度描述轴承信号的故障特性，通过提取原始信号和各 IMF 分量的时域和频域特征可以实现轴承故障诊断。

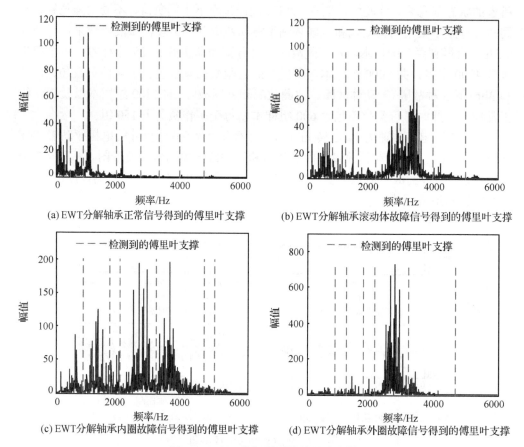

(a) EWT分解轴承正常信号得到的傅里叶支撑

(b) EWT分解轴承滚动体故障信号得到的傅里叶支撑

(c) EWT分解轴承内圈故障信号得到的傅里叶支撑

(d) EWT分解轴承外圈故障信号得到的傅里叶支撑

图 7-3　EWT 分解得到的傅里叶支撑

EWT 能够准确地刻画信号的时-频特性。但是，由于不同类型轴承振动信号的本质及复杂度不同，用 EWT 对原始信号进行自适应分解时存在分解层数不同的问题，且不同类型故障能量分布情况不同。统计发现，不同类型的轴承振动信号经过 EWT 自适应分解一般得到 6 至 8 个分量。通过观察故障信号的傅里叶谱发现，不同故障类型信号中低频成分(0～4000Hz)的能量所占比重较大；高频分量(4000～6000Hz)的能量所占比重很小，高频分量所含的故障信息较少或为噪声信号。为了选取数量相同的有效分量，以每个分量能量占原始信号能量的比重(即归一化能量)作为分量选择指标，选取每种类型的信号 60 组进行 EWT 分解，并求每种类型信号 IMF 分量归一化能量的平均值，结果如图 7-5 所示。

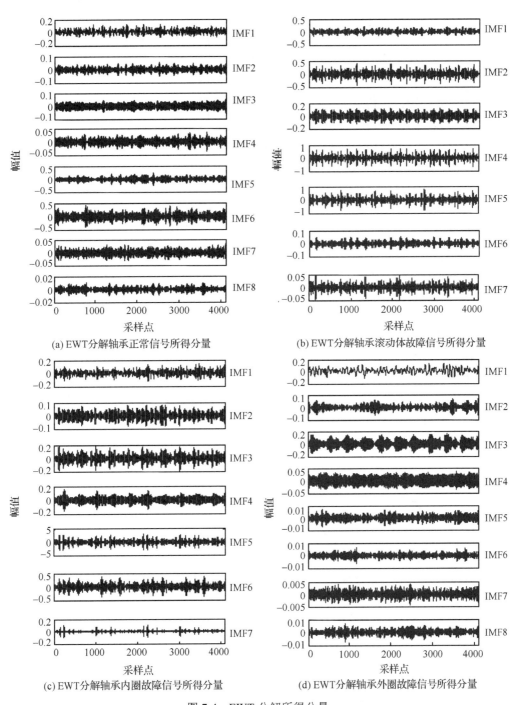

(a) EWT分解轴承正常信号所得分量

(b) EWT分解轴承滚动体故障信号所得分量

(c) EWT分解轴承内圈故障信号所得分量

(d) EWT分解轴承外圈故障信号所得分量

图7-4 EWT 分解所得分量

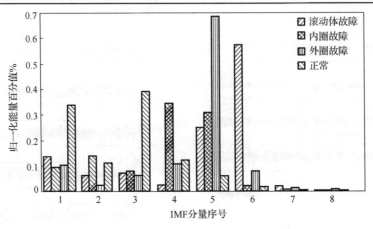

图 7-5　不同轴承信号分解所得分量的能量分布

从图 7-5 可以看出，不同类型信号的能量主要集中在中低频部分。滚动体故障信号的能量主要集中在 IMF1、IMF2、IMF3、IMF5 和 IMF6，这 5 个分量所含能量占总能量的 95.5%；内圈故障信号能量主要集中在 IMF1～IMF5，这 5 个分量所含能量占总能量的 96.7%，其他分量所含能量较少，基本可以忽略；外圈故障信号能量主要集中 IMF1、IMF3～IMF6，其中 IMF5 所含能量远高于其他分量，所含能量占到总能量的 97.1%；正常信号的能量主要集中在 IMF1～IMF5，所含能量占总能量的 96.1%，其中低频部分 IMF1 和 IMF3 两个分量的能量高于其他分量。四种类型轴承振动信号所含能量排名前 5 的分量所含能量占总能量的 95% 以上，基本包含了所有的故障信息。

因此，根据不同类型故障信号能量分布，分别选择滚动体故障振动信号分解所得分量中的 IMF1、IMF2、IMF3、IMF5 和 IMF6，内圈故障振动信号分解所得分量中的 IMF1～IMF5，外圈故障振动信号分解所得分量中的 IMF1、IMF3～IMF6 以及正常状态信号分解所得分量中的 IMF1～IMF5 作为有效分量进行特征提取。

2. 齿轮振动信号处理与分析

选取该齿轮数据集中齿轮正常状态、磨损状态、点蚀状态和断齿状态进行分析。采样频率为 12kHz，采样时间为 15s。为了得到更多的数据样本，将整个齿轮数据采样时间分割为多个非重叠的等时间长度信号样本。统计实验显示，当每段齿轮振动信号样本点数大于 4000 时，EWT 分解层数基本不再变化。考虑到总采样时间和所含的状态信息量，将每段齿轮振动信号分割为非重叠的 90 个样本，每个样本包含 4000 个点，共 360 组样本。图 7-6 列出了四种状态齿轮原始振动信号的波形图。

从图 7-6 中看出，同轴承原始振动信号相似，齿轮振动信号有效的故障信息也大多被淹没在复杂强噪声中，无明显的周期性冲击特征，给故障诊断造成困难。

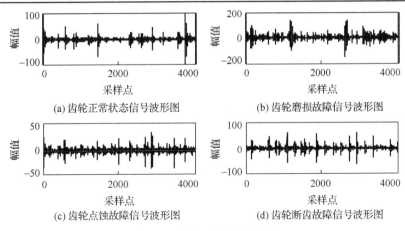

(a) 齿轮正常状态信号波形图　　　　(b) 齿轮磨损故障信号波形图

(c) 齿轮点蚀故障信号波形图　　　　(d) 齿轮断齿故障信号波形图

图 7-6　齿轮振动信号波形图

　　为了提取有效的齿轮故障特征信息，首先用 EWT 方法对不同类型的齿轮振动信号进行分解。4 类齿轮信号 Fourier 频谱的划分边界和 EWT 的分解结果如图 7-7 和图 7-8 所示。从图 7-7 看出，齿轮原始振动信号的 Fourier 谱被分割为不同的区域，

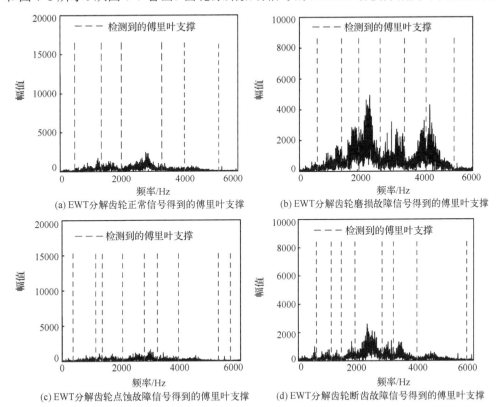

(a) EWT分解齿轮正常信号得到的傅里叶支撑　　　(b) EWT分解齿轮磨损故障信号得到的傅里叶支撑

(c) EWT分解齿轮点蚀故障信号得到的傅里叶支撑　　　(d) EWT分解齿轮断齿故障信号得到的傅里叶支撑

图 7-7　EWT 分解齿轮信号得到的傅里叶支撑

代表图 7-8 中相应 IMF 分量的频带范围。四种类型齿轮振动信号在 0～4000Hz 频率范围内振动成分所占比重较大，4000Hz 以上频率范围内振动成分所占比重较小。从图 7-8 看出，4 种类型的齿轮信号分解得到的各个 IMF 分量的振动幅值有较大差别，其极值出现时间与频率、能量周期性变化情况等均有不同。因此，EWT 的分解结果可以从时域和频域两个角度描述齿轮振动信号的故障特性，通过提取原始信号和各 IMF 分量的时域和频域特征可以实现齿轮故障诊断。

在此，仍然以每个 IMF 分量能量占齿轮原始振动信号能量的百分值(即归一化能量)作为有效分量的选择指标。对每种类型的齿轮振动信号 60 组进行 EWT 分解，并求每种类型信号 IMF 分量归一化能量的平均值。

通过计算每种类型齿轮信号 IMF 分量归一化能量的平均值发现，齿轮正常信号的能量主要集中在 IMF2～IMF6，这 5 个分量所含能量占总能量的 97.1%；齿轮磨损故障信号能量主要集中在 IMF3～IMF7，这 5 个分量所含能量占总能量的 98%，其他分量所含能量较少，基本可以忽略不计；齿轮点蚀故障信号能量主要集中在 IMF2、IMF4～IMF7，所含能量占到总能量的 98.8%；齿轮断齿故障信号的能量主要集中在 IMF2、IMF4～IMF7，所含能量占总能量的 95.9%。四种类型齿轮振动信号所含能量排名前 5 的分量所含能量占总能量的 95%以上，基本包含了主要的故障信息。

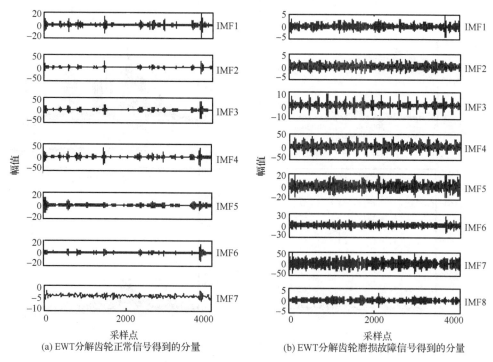

(a) EWT分解齿轮正常信号得到的分量　　(b) EWT分解齿轮磨损故障信号得到的分量

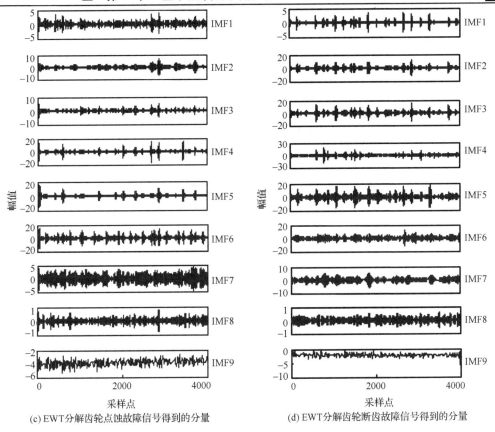

(c) EWT分解齿轮点蚀故障信号得到的分量 　　(d) EWT分解齿轮断齿故障信号得到的分量

图 7-8　EWT 分解齿轮信号得到的分量

因此，根据不同类型齿轮振动信号的能量分布，分别选择齿轮正常状态振动信号分解所得分量中的 IMF2～IMF6，齿轮磨损故障振动信号分解所得分量中的 IMF3～IMF7，齿轮点蚀故障振动信号分解所得分量中的 IMF2、IMF4～IMF7 以及齿轮断齿故障振动信号分解所得分量中的 IMF2、IMF4～IMF7 作为有效分量进行特征提取。

7.2　风电机组传动系统振动信号特征提取及选择

由于风电机组传动系统的结构较为复杂且存在多部件耦合振动，为准确识别其机械故障，需提取大量可准确描述其机械状态的特征。但提取大量的特征会使特征之间的冗余性变得严重，过高的特征维度也会影响故障诊断系统的分类准确率与效率。因此，本章首先对包含主要故障信息的固有模态分量及原始振动信号分别提取时域、频域及时-频域特征值，构建全面的初始特征集合，进而对初始特征集合进行特征选择以确定最优特征子集，在保证故障识别准确率的基础上提高故障诊断效率。

7.2.1　风电机组传动系统原始特征集合构建

在使用信号处理方法对原始信号进行分解后，需要对所得分量提取故障特征。如果提取的特征能准确描述风电机组传动系统各部件的机械状态，并且对于不同工况条件下机械状态的变化具有较高的敏感性，将会大大提高故障诊断系统的故障识别能力。当前相关研究多采用单一类型的特征来进行故障诊断，难以横向对比不同特征组合的故障诊断效果。本研究综合考虑现有研究在特征提取方面所积累的可用于风电机组传动系统故障诊断的大量特征，从时域、频域、时-频域等多个角度全面提取反映故障特性的初始特征集合。

1. 时域统计特征

本研究选用的时域统计特征共 18 类，依次为时域幅值最大值、最小值、均值、标准差、绝对平均值、偏态值、峭度、峰峰值、方根幅值、均方根、峰值、波形指标、峰值指标、脉冲指标、裕度指标、偏态指标、变异系数、峭度指标。

2. 频域统计特征

振动信号经快速傅里叶变换转换为频率信号，并被分割为多个频带，依次计算每一个频带的平均频率、均方根频率、中心频率和根方差频率。

当风电机组传动系统发生机械故障时，各部分的振动频率会有较大变化，因而能量分布也会发生相应变化。由此可知，经 EWT 分解得到的 IMF 分量蕴含着传动系统振动信号不同频段内的大量状态信息，因而提取能量特征可准确描述风电机组传统系统的机械状态变化情况。奇异值特征也是当今机械故障诊断领域常用的特征，因而为了更好地挖掘隐藏在信号中的故障信息以及更好地描述传动系统的机械状态，这里提取了每个 IMF 分量的能量特征和奇异值特征。

CWRU 轴承数据采集过程中，安装在电机驱动端的传感器可以检测到风扇端的故障，反之亦可，即可以交叉检测[4]。分别对采集的两端原始信号和经 EWT 分解得到的有效分量(归一化能量排名前 5 的 IMF 分量)提取时域和频域统计特征，同时对每个 IMF 分量提取能量和奇异值特征，特征分布如图 7-9 所示。对原始信号共提取 44 个特征，其中时域统计特征数量为 18×2=36(F1～F36)，频域统计特征数目为 4×2=8(F37～F44)，每个 IMF 分量所提取时域和频域统计特征的分布与原始信号特征分布类似，时域特征数目为 18×2=36，频域特征数目为 8，能量和奇异值特征各 2 个，从而构成 284 维的特征向量。

对于风场采集的风机齿轮数据，分别对齿轮原始信号和经 EWT 分解得到的归

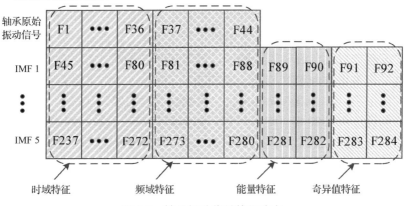

图 7-9　轴承振动信号特征分布

一化能量排名前 5 的 IMF 分量提取时域和频域统计特征，同时对每个 IMF 分量提取能量和奇异值特征，风机齿轮振动信号特征分布如图 7-10 所示。从图 7-10 中看出，对齿轮原始信号共提取 22 个特征，其中时域统计特征数量为 18(E1～E18)，频域统计特征数目为 4(E19～E22)，每个 IMF 分量所提取时域和频域统计特征的分布与原始信号特征分布类似，时域特征数目为 18，频域特征数目为 4，能量和奇异值特征各 1 个，从而构成 142 维的特征向量。

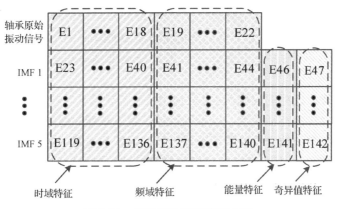

图 7-10　齿轮振动信号特征分布

7.2.2　基于随机森林的风电机组传动系统故障特征选择

现有研究已经积累了可用于风电机组传动系统故障诊断的大量特征，因此可以提取尽可能全面的、从各个方面反映故障特性的特征信息，以便对传动系统机械元件故障进行更加准确、有效地诊断。提取丰富的特征虽然能增加故障识别信息，但会造成特征集维数过高，同时还可能引入冗余特征，严重地降低分类器性能，影响故障诊断精度，增加故障诊断时间。因此，在全面比较分析不同特征分类效果的基础上，通过特征选择方法，去除冗余特征，仅保留对分类起关键作用的特征组合，来获得用于故障诊断的最优特征子集。特征选择方法主要由选择标准和搜索策略构成，一般分为封装法、过滤法和嵌入法。封装法将智能学习算法的预测结果作为评价与选择特征子集的指标，特征选择结果偏差小，但计算量大，不适合大数据集，且易陷入局部最优。过滤法与学习算法无关，一般直接利用训练数据的统计分析结果评估特征优劣，确定最优特征子集，特征选择的速度快，但对特征重要度分析结论要求较高。嵌入法在模型训练过程中进行特征选择，并且特定于给定的机器学习算法，在达到较高精度的同时相比于封装法计算量低，速度更快。

随机森林(RF)是一种利用多棵决策树构建的集成分类模型，具有很高的分类精度，鲁棒性好，学习速度较快，且不容易出现过拟合[5,6]。同时，随机森林能够在分类器训练过程中，分析不同特征对于最终分类结果的贡献程度大小，开展嵌入式特征选择。其所使用的 Gini 重要度或 permutation 重要度能够准确体现特征分类能力。本研究采用 Gini 重要度来分析不同特征对分类的贡献程度。

在通过随机森林得到风电机组传动系统振动信号的每一个特征的 Gini 重要度之后，结合前向特征选择思想，根据随机森林对于不同特征子集的分类准确率，确定最优特征子集。首先，按照特征 Gini 重要度降序排列的顺序，将特征依次加入到候选特征集合 Q(开始时为空集)中；每加入一个特征，则用 Q 作为输入向量重新训练一个随机森林分类器，并记录分类准确率；之后，重复以上过程直至所有特征都加入到 Q 中；最后，综合考虑分类准确率和特征维度，确定最优特征子集。

根据以上特征选择的流程，对提取的轴承和齿轮箱振动特征根据 Gini 重要度开展特征排序，并构建特征子集，以不同特征子集下重新构建的随机森林分类器分类准确率为决策变量，结合前向特征选择策略开展特征选择。实验中，将轴承和齿轮数据集分别随机地分为训练集、验证集和测试集三部分。训练集占整个数据集的60%，验证集和测试集各占20%。训练集用于构建随机森林分类模型并得到每一个特征的重要度，验证集用于评价模型的故障诊断能力并选出最优特征子集，测试集用于评估所选最优特征子集的性能。

将训练集合输入随机森林，在随机森林完成训练后能够得到训练集中每一个特征的 Gini 重要度值。在进行相关实验时，为避免特征维度过高对分类的影响，依据文献[5]的标准，随机森林中树的个数 n_{tree} 设置为 500，轴承特征选择中决策树节点分裂时考虑的输入特征维数 $m_{t1} = \sqrt{M} = \sqrt{总特征维数} = \sqrt{284}$，此处取 $m_{t1} = 17$。齿轮特征选择中决策树节点分裂时考虑的输入特征维数 $m_{t2} = \sqrt{142}$，此处取 $m_{t2} = 12$。为了避免偶然情况对实验结果造成影响，相同的训练过程将进行 5 次并对同一特征的 Gini 重要度取平均值，以保证实验结果的可靠性。

实验得到的轴承振动信号各个特征的 Gini 重要度如图 7-11 所示，从图中可以看出，不同轴承振动特征之间的 Gini 重要度存在较大差异，有 11 个特征的 Gini 重要度大于 10，说明这 11 个特征对于分类的贡献度相比其他特征要大，其中第 260个特征的 Gini 重要度值最大，达到 14.333，说明该特征对于最终分类结果的贡献度最大。大部分特征的 Gini 重要度值小于 5，说明这部分特征对于分类的贡献度相对较小，冗余特征较多。

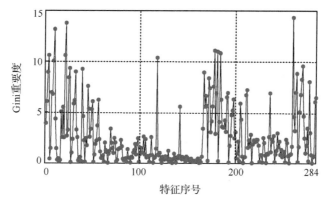

图 7-11　轴承振动特征 Gini 重要度值分布

将轴承所有特征按照重要度由高到低的顺序逐一添加到特征集合 Q 中，每增加一个特征，则用新的训练集重新训练随机森林分类器，并记录在相应验证集上的分类准确率。最后选择能使随机森林分类器出现最高分类正确率的特征集合作为最优特征子集。不同特征子集所对应的分类准确率如图 7-12 所示，考虑到实验结果和图的清晰度，仅显示前 80 个特征子集的分类准确率。

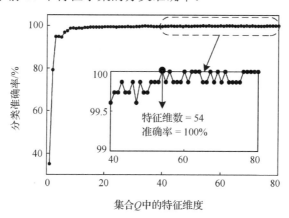

图 7-12　轴承不同特征子集所对应的分类准确率

从图 7-12 可以看出，随着所输入的轴承特征数量的不断增加，随机森林分类器分类准确率首先呈现不断上升的趋势，当轴承特征维数增加到 11 维时，随机森林的分类准确率便可以达到 99%以上。当特征数量达到 54 维时，分类准确率达到 100%，然后随特征数量的增加分类准确率出现下降或保持不变。这表明在分类准确率达到峰值之后，新增加的特征没有对随机森林分类器的分类性能起到明显的提升效果。最终得到的最优特征子集包含 54 维特征，比原始特征集合减少 230 维特征，特征提取时间也由特征选择之前的 30.53s 减少为 6.17s。特征提取时间大幅度减少必然会使故障诊断过程更快，避免故障进一步发展和蔓延。

实验得到的齿轮振动信号各个特征的 Gini 重要度如图 7-13 所示，从图中可以看出，同轴承振动特征相似，不同齿轮振动特征之间的 Gini 重要度存在较大差异，有 26 个特征的 Gini 重要度大于 10，有 10 个特征的 Gini 重要度超过 20，其中第 39 个特征的 Gini 重要度值最大，达到 44.110，说明该特征在所有特征中对分类的贡献度最大。特征序号 100 以后的特征重要度值较低，说明这部分特征对于分类的贡献度相对较小，这部分特征的存在不会提高故障诊断系统的分类准确率，反而可能会降低诊断系统的性能和效率。

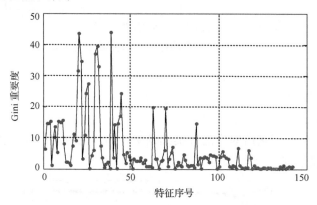

图 7-13　齿轮振动特征 Gini 重要度值分布

将齿轮所有特征按照重要度由高到低的顺序逐一添加到特征集合 Q 中，每增加一个齿轮振动特征，则用新的训练集重新训练随机森林分类器，并记录在相应验证集上的分类准确率。最后选择能使随机森林分类器出现最高分类正确率的特征集合选择出来作为最优特征子集。不同特征子集所对应的分类准确率如图 7-14 所示，考虑到实验结果和图的清晰度，仅显示前 80 个特征子集的分类准确率。

从图 7-14 可以看出，随着齿轮振动特征不断地输入到随机森林分类器，其分类准确率首先逐渐增大，当特征数量增加到 6 维时，随机森林的分类准确率便可以达到 99%以上。当特征数量达到 48 维时，分类准确率达到 100%，然后随特征数量的增加随机森林分类准确率出现波动。这表明在分类准确率达到峰值之后，新增加的特征没有提高分类器的分类性能。最终得到的最优特征子集包含 48 维特征，比原始特征集合减少 94 维特征，特征提取时间也由特征选择之前的 20.38s 减少为 4.43s，特征提取时间大幅度减少。

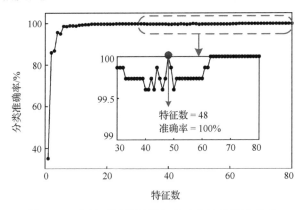

图 7-14　齿轮不同特征子集所对应的分类准确率

为了验证采用 Gini 重要度评估特征分类能力的有效性，选取轴承振动特征中 Gini 重要度最大的 4 个特征(F260、F22、F10、F178)和 Gini 重要度最小的 4 个特征(F162、F217、F134、F280)，这些特征在不同故障类型下特征值的分布范围如 7-15 所示。其中，每个类型包含 15 个样本。从图 7-15 可以看出，Gini 重要度最大的 4 个特征在不同类型样本间特征值交叉较少，区分不同类型故障的能力较强；而 Gini 重要度最小的 4 个特征的特征值在不同故障类型之间具有明显的交叉，区分不同类型样本的能力较差。图 7-15 的结果，验证了采用 Gini 重要度评估特征分类能力的有效性。

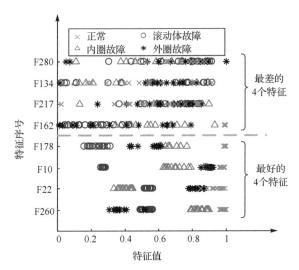

图 7-15　轴承 Gini 重要度最大和最小的 4 个特征在不同故障类型下的特征值分布范围

7.3 基于混合分类器的故障诊断方法研究

在提取风电机组传动系统振动信号与运行状态相关的大量特征并确定最优特征子集之后，需把最优特征子集输入分类器，以实现对传动系统各部件机械状态和故障类型的识别与分类。在当前的故障诊断研究中，人工神经网络、支持向量机等多类分类器是较为常用的方法。当前相关研究在采用多类分类器进行风电机组传动系统故障诊断时，常采用 3 到 5 种常见故障类型的样本来训练分类器，并用这些常见的故障类型来测试所提出故障诊断方法的性能。但是在实际工程应用中，由于风电机组传动系统结构复杂，故障类型多种多样，有些类型的故障不经常发生或获取成本较高，导致这些故障类型的训练样本积累较少甚至完全没有积累。当之前没有记录或没有样本积累的新故障类型出现时，由于缺乏这种新故障类型的训练样本，多类分类器会将其误识别成正常状态或其他错误的故障类型。为克服这个缺陷，提高对新故障类型的识别能力，将单类分类器(支持向量数据描述)和模糊 C 均值聚类方法相结合来构建混合分类器。在新方法中，首先将传动系统待测样本输入到由正常样本训练的支持向量数据描述分类器，以确定其机械状态是否正常；如果该样本被判定为故障样本，则将该样本与所有故障类型已知的样本混合后进行模糊 C 均值聚类，依据聚类结果选择相应的支持向量数据描述分类器判断该样本是否属于新故障类型。

本章介绍了支持向量机、支持向量数据描述及模糊 C 均值聚类的基本原理，分析了当前故障诊断研究中常用的多分类方法的缺陷，为了弥补这个缺陷，构建了基于支持向量数据描述和模糊 C 均值聚类法的混合分类器。

7.3.1 模糊 C 均值聚类原理

模糊 C 均值聚类(fuzzy c-means algorithm，FCM)算法作为一种非监督式聚类方法，是所有聚类算法中普及度最广、最为经典的算法之一，在理论和应用上都为其他的模糊聚类分析方法奠定了坚实的基础。在所提方法中采用 FCM 的目的是对被 SVDD 判定为故障状态的样本进行初步分类，在此基础上只需再额外使用一个 SVDD 分类器即可判断该故障样本是否属于新的故障类型。因此，在所提方法中使用 FCM 不仅可以降低分类器的复杂度，还有助于避免过度使用 SVDD 分类器所造成的过拟合问题。

设数据样本集合 $X = \{x_1, x_2, \cdots, x_n\}$，$U = [u_{ij}]_{c \times n}$ 和 $S = [s_1, s_2, \cdots, s_c]^T$ 分别为数据样本集 X 的隶属度矩阵和聚类中心向量，其中 c 为聚类中心个数，n 为样本数，u_{ij} 表示数据样本 x_i 相对于聚类中心 s_j 的隶属度，归一化的 u_{ij} 满足如下条件：

$$\sum_{i=1}^{c} u_{ij} = 1, \qquad u_{ij} \in [0,1] \tag{7-3}$$

设 δ_{ij} 为任意数据样本 x_j 到聚类中心 s_i 的欧氏距离，则有

$$\delta_{ij} = \left\| x_j - s_i \right\| = (x_j - s_i)^{\mathrm{T}} (x_j - s_i) \tag{7-4}$$

为了得到隶属度矩阵，FCM 的目标函数可以作如下定义：

$$J(U,S) = \sum_{i=1}^{c} \sum_{j=1}^{n} (u_{ij})^t (\delta_{ij})^2 \tag{7-5}$$

FCM 的算法流程描述如下。

(1)确定聚类类别数 c、模糊加权指数 t 及聚类中心的初值 $s^{(0)}$，设定迭代终止阈值 ε 和初始迭代次数 $\mathrm{iter} = 0$。

(2)通过式(7-8)更新隶属度。

$$u_{ij} = 1 \left/ \sum_{w=1}^{c} (\delta_{ij} / \delta_{wj})^{\frac{2}{t-1}} \right. \tag{7-6}$$

(3)通过式(7-9)更新聚类中心。

$$s_i = \sum_{j=1}^{n} (u_{ij})^t x_j \left/ \sum_{j=1}^{n} (u_{ij})^t \right. \tag{7-7}$$

(4)计算 $\left\| s^{(\mathrm{iter}+1)} - s^{(\mathrm{iter})} \right\|$，当满足 $\left\| s^{(\mathrm{iter}+1)} - s^{(\mathrm{iter})} \right\| < \varepsilon$ 时，迭代过程终止，否则，令 $\mathrm{iter} = \mathrm{iter} = 1$ 并从步骤(2)开始进行下一次迭代，直到满足 $\left\| s^{(\mathrm{iter}+1)} - s^{(\mathrm{iter})} \right\| < \varepsilon$。

7.3.2　混合分类器构建和诊断流程

在风电机组传动系统故障诊断的现有研究中，常采用 3 到 5 种常见故障类型的样本来训练多类分类器[7-9]，并仍然用这些常见的故障类型来测试所提出故障诊断方法的性能，实际上最终测试样本类型的确定就是通过之前已经训练好的多分类模型将测试样本与训练集中样本一一比对完成的。然而，这个过程需要有数量充足且类型全面的训练样本作为保障，一旦出现训练样本集合中不包含的故障类型样本，多分类器就会出现误识别的问题。对训练样本的高依赖性是传统多类分类器普遍存在的缺陷，该缺陷在实验室环境下训练样本充足时对诊断结果影响较小。在实际的工程应用中，时常会出现一些故障数据库中不包含的新的故障类型(以前未发生过的或发生过但未经记录的故障类型)，导致训练样本集合也不包含这种故障类型的样本，多分类器容易将它们误判为正常状态或错误的故障类型，严重影响风电机组的运行可靠性。

因此，为了克服传统多类分类器对训练样本依赖度过高的缺陷，实现对风电机组传动系统故障训练样本中不包含的新故障类型的准确识别，构建了一种基于 SVDD 和 FCM 的混合分类器，其故障诊断流程如图 7-16 所示。SVDD 只用一类目

标样本即可完成分类器训练，当把正常状态样本作为训练样本来训练 SVDD 分类器时，SVDD 分类器能够准确地判断风电机组传动系统的机械状态是否正常。当确认故障发生时，将该样本与几种可获得的故障类型样本进行 FCM 聚类，根据聚类结果，使用经特定故障样本训练的 SVDD 可以确定该故障样本是否属于新的故障类型。

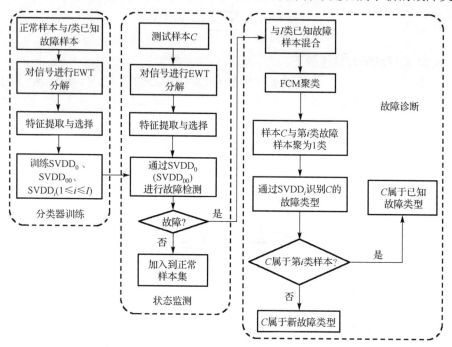

图 7-16　风电机组传动系统机械故障诊断流程

7.3.3　轴承故障诊断结果及分析

当前大多数风电机组故障诊断的研究均假定训练集中故障样本类型全面，但在实际应用中，有时需要对训练样本中不包含的故障类型进行检测。在缺乏故障训练数据时，当前所用的多分类方法易将无训练样本故障类型误识别为正常状态样本或错误的故障类型。因此，在不考虑或较少考虑故障样本的前提下，仅利用正常样本来判断风电机组传动系统机械部件是否发生故障具有较高的实用价值。本研究将从以下 2 个场景，即轴承训练样本含全部故障类型、训练样本故障类型不全，来验证所提方法的有效性。

1.　轴承有训练样本故障类型的诊断结果及分析

该实验用于区分轴承的正常状态、滚动体故障、内圈故障及外圈故障。将提取的特征向量输入到 SVDD-FCM 混合分类器中以进行故障分类，所构建的混合分类

器包含了 $SVDD_0$、FCM 和 $SVDD_i(i=1,2,3)$。首先，要对各独立分类器进行训练。其中，$SVDD_0$ 只用 90 组正常样本进行训练，FCM 的聚类数 $c=3$，迭代终止阈值 $\varepsilon=0.0001$。选取滚动体故障、内圈故障、外圈故障样本各 90 组来训练 $SVDD_i(i=1,2,3)$，即每类故障样本训练 1 个对应的 SVDD 分类器。为验证所提方法在机组变工况条件下的故障诊断能力，并增加故障诊断难度，所选取的每种故障类型的 90 组样本包含故障程度为 0.007 英寸下的三种工作负载（0hp、1hp、2hp），每种工作负载下 30 组样本。再按照上述选择标准选择每种故障类型 60 组样本与 60 组正常样本构成测试集。为了验证本研究中方法的有效性，选取在风电机组故障诊断中应用最多且取得了良好分类效果的 SVM 和反向传播神经网络（back propagation neural network，BPNN）作为对比，SVM 和 BPNN 分类器的训练集和测试集与混合分类器相同。SVDD 中的常数参数按照文献[6]的方法，设定为 $C=0.33$，$\sigma=0.71$；SVM 参数设定与文献[2]相同，基于 LIBSVM 设计；BPNN 分类器采用 MATLAB 8.5（2015a）搭建。特征选择前后三种方法的对比结果如表 7-2 和表 7-3 所示。

表 7-2　特征选择前采用不同分类方法对有训练样本轴承故障类型的诊断结果

分类器	样本类型	正常	滚动体故障	内圈故障	外圈故障	状态判别准确率/%	分类准确率/%
混合分类器	正常	58	2	0	0	96.7	96.7
	滚动体故障	1	59	0	0	98.3	98.3
	内圈故障	0	0	60	0	100	100
	外圈故障	0	0	0	60	100	100
SVM	正常	53	6	1	0	88.3	88.3
	滚动体故障	8	50	0	2	86.7	83.3
	内圈故障	1	0	56	3	98.3	93.3
	外圈故障	0	0	3	57	100	95
BPNN	正常	52	7	0	1	86.7	86.7
	滚动体故障	10	50	0	0	83.3	83.3
	内圈故障	0	0	54	6	100	90
	外圈故障	0	0	3	57	100	95

表 7-3　特征选择后采用不同分类方法对有训练样本轴承故障类型的诊断结果

分类器	样本类型	正常	滚动体故障	内圈故障	外圈故障	状态判别准确率/%	分类准确率/%
混合分类器	正常	60	0	0	0	100	100
	滚动体故障	0	60	0	0	100	100
	内圈故障	0	0	60	0	100	100
	外圈故障	0	0	0	60	100	100

续表

分类器	样本类型	正常	滚动体故障	内圈故障	外圈故障	状态判别准确率/%	分类准确率/%
SVM	正常	56	3	1	0	93.3	93.3
	滚动体故障	5	54	0	1	91.7	90
	内圈故障	1	0	57	2	98.3	95
	外圈故障	0	0	3	57	100	95
BPNN	正常	54	5	0	1	90	90
	滚动体故障	8	50	0	2	86.7	83.3
	内圈故障	0	0	55	5	100	91.7
	外圈故障	0	0	3	57	100	95

从表 7-2 和表 7-3 可以看出，特征选择前后 SVM 和 BPNN 均出现了将故障样本误识别为正常状态的情况，但特征选择前的误识别率要高于特征选择后的误识别率。另外，在特征选择后，SVM 和 BPNN 的状态判别准确率和分类准确率均有所提高。混合分类器结合了 SVDD 和 FCM 的优势，最大程度上避免了误识别的可能性，因而混合分类器对有训练样本故障类型的状态识别准确率和分类准确率要好于 SVM 和 BPNN，且特征选择后状态识别准确率和分类准确率较特征选择前有所提高，均达到了 100%，说明混合分类器的状态监测和故障诊断能力远高于 SVM 和 BPNN。综合表 7-2 和表 7-3 可知，对于有训练样本的故障类型，本研究中构建的混合分类器更适用于对可靠性要求较高的风机故障诊断领域，且特征选择对于提高分类器的故障诊断效果具有明显作用。

2. 轴承无训练样本故障类型的诊断结果及分析

由于风电机组的结构复杂，工作环境恶劣，在实际工作中，有时会遇到之前没有发生过的新故障类型。由于缺乏训练样本，传统多类分类器会将这些故障样本误识别为正常样本，严重影响风机的可靠性。

为验证新方法对已知故障类型和新故障类型的判别能力，将所构建的混合分类器与 SVM、BPNN 的判别结果作对比。仍然选取 3 种轴承故障类型各 90 组来训练 $SVDD_i(i=1,2,3)$，即每类故障样本训练 1 个 SVDD 分类器。随机选取 3 类故障样本中的 2 类作为已知故障，将其与正常样本一起重新进行特征选择，形成训练集对 SVM 和 BPNN 进行训练，剩余的 1 类故障样本作为新故障类型，对以上 3 种方法进行比较。对于新方法，每次实验仅选取 1 组新故障类型样本作为测试样本，并与所选取的 2 类已知故障类型样本(聚类结果已知)混合后进行 FCM 聚类，聚类中心个数 $c=2$，迭代终止阈值 $\varepsilon=0.0001$，并根据聚类结果，从已经训练好的 3 个 SVDD 分类器中选择相应的 SVDD 分类器来判断该样本是否属于新故障类型。为了证明所提新方法的普适性，将 3 类故障样本轮流作为新故障类型，以验证新方法对已知故障类型和新故障类型的判别能力。所构建的混合分类器与 SVM、BPNN 的参数设置不变。当滚动体故障、内圈故障和外圈故障三种轴承故障类型依次作为新故障类型时，三种方法的识别结果分别如表 7-4、表 7-5 及表 7-6 所示。为更加清晰地表现不同方法对新故障类型的识别效果，测试样本集中仅包含被选作新类型的轴承故障样本。

表 7-4　滚动体故障为新故障类型时不同方法的诊断结果

分类器	正常	内圈故障	外圈故障	新故障类型	状态判别准确率/%	新类型识别准确率/%
混合分类器	0	0	0	60	100	100
SVM	30	16	14	—	50	0
BPNN	33	15	12	—	45	0

表 7-5　内圈故障为新故障类型时不同方法的诊断结果

分类器	正常	滚动体故障	外圈故障	新故障类型	状态判别准确率/%	新类型识别准确率/%
混合分类器	0	0	0	60	100	100
SVM	27	3	30	—	55	0
BPNN	27	0	33	—	55	0

表 7-6　外圈故障为新故障类型时不同方法的诊断结果

分类器	正常	滚动体故障	内圈故障	新故障类型	状态判别准确率/%	新类型识别准确率/%
混合分类器	0	0	0	60	100	100
SVM	26	2	32	—	56.7	0
BPNN	28	4	28	—	53.3	0

从表 7-4～表 7-6 可以看出，在聚类中心个数即聚类类别数已知的情况下，3 类轴承故障样本中任意一类作为测试样本时，新方法不仅可以准确判断出该轴承样本是否属于故障样本，而且可以准确判断出该样本是否属于新故障类型。而 SVM 和 BPNN 只能部分地将新故障类型判别为故障状态，并且没有区分已知故障类型和新故障类型的能力，存在误识别和漏检的现象。由于在实际工作环境中，每次只能采集 1 个风电机组传动系统部件的振动信号，新方法每次仅对 1 个测试样本进行判断，更加符合风电机组的操作需要。因此，本章提出的混合分类器可以准确地识别轴承新故障类型，弥补了传统多分类方法易将训练样本中不包含的新故障类型误识别为正常状态样本的不足，提高了故障诊断的可靠性。

7.3.4　齿轮箱故障诊断结果及分析

在该节齿轮箱故障诊断实验中，同样将从以下 2 个场景，即训练样本含全部故障类型、训练样本故障类型不全，来验证本章方法的有效性。

1. 齿轮箱有训练样本故障类型的诊断结果及分析

该实验用于确定齿轮箱中齿轮的故障类型，即判断齿轮是处于正常状态、磨损状态、点蚀状态还是断齿状态。将上述 3 种故障类型振动信号的特征向量输入到 SVDD-FCM 混合分类器中以进行故障分类，所构建的混合分类器包含了 $SVDD_{00}$、FCM 和 $SVDD_i(i=4,5,6)$。首先，要对各独立分类器进行训练。其中，$SVDD_{00}$ 只用齿轮正常样本进行训练，FCM 的聚类数 $c=3$，迭代终止阈值 $\varepsilon=0.0001$。选取齿轮磨损故障、点蚀故障和断齿故障样本来训练 $SVDD_i(i=4,5,6)$，即每类故障样本训练 1 个对应的 SVDD 分类器。训练集与测试集的构建与轴承有训练样本故障诊断实验相同。为了验证本研究中所提的方法对于齿轮故障诊断的有效性，同样选取 SVM 和 BPNN 作为对比，SVM 和 BPNN 分类器的训练集和测试集与混合分类器相同。SVDD 中的常数参数按照文献[10]的方法，设定为 $C=0.27$，$\sigma=0.64$；SVM 参数设定与文献 [2]相同，基于 LIBSVM 设计；BPNN 分类器采用 MATLAB 8.5（2015a）搭建。特征选择前后三种方法对齿轮有训练样本故障类型的诊断结果如表 7-7、表 7-8 所示。

表 7-7　特征选择前采用不同分类方法对有训练样本齿轮故障类型的诊断结果

分类器	样本类型	正常	磨损故障	点蚀故障	断齿故障	状态判别准确率/%	分类准确率/%
混合分类器	正常	57	0	0	3	95	95
	磨损故障	0	60	0	0	100	100
	点蚀故障	0	0	60	0	100	100
	断齿故障	2	0	0	58	96.7	96.7
SVM	正常	54	0	2	4	90	90
	磨损故障	4	51	2	3	93.3	85
	点蚀故障	2	1	57	0	96.7	95
	断齿故障	2	0	0	58	96.7	96.7
BPNN	正常	50	2	3	5	83.3	83.3
	磨损故障	5	50	4	1	91.7	83.3
	点蚀故障	4	1	55	0	93.3	91.7
	断齿故障	2	0	1	57	96.7	95

表 7-8　特征选择后采用不同分类方法对有训练样本齿轮故障类型的诊断结果

分类器	样本类型	正常	磨损故障	点蚀故障	断齿故障	状态判别准确率/%	分类准确率/%
混合分类器	正常	60	0	0	0	100	100
	磨损故障	0	60	0	0	100	100
	点蚀故障	0	0	60	0	100	100
	断齿故障	0	0	0	60	100	100

续表

分类器	样本类型	正常	磨损故障	点蚀故障	断齿故障	状态判别准确率/%	分类准确率/%
SVM	正常	56	1	0	3	93.3	93.3
	磨损故障	3	54	2	1	95	90
	点蚀故障	2	1	57	0	96.7	95
	断齿故障	1	0	0	59	98.3	98.3
BPNN	正常	55	1	0	4	91.7	91.7
	磨损故障	3	52	4	1	95	86.7
	点蚀故障	4	1	55	0	93.3	91.7
	断齿故障	2	0	0	58	96.7	96.7

　　从表 7-7 和表 7-8 中可以看出，与轴承有训练样本故障类型的诊断结果相似，SVM 和 BPNN 分类器均出现了将齿轮故障样本误识别为正常状态的情况，但是特征选择之后 SVM 和 BPNN 的识别效果有明显提高，说明特征选择有助于提高故障诊断系统的诊断能力，降低误识别率。而本研究所构建的混合分类器将齿轮故障样本误识别正常状态的概率要远低于 SVM 和 BPNN，在经过特征选择后混合分类器状态判别准确率达到 100%，即未出现将齿轮故障样本误识别为正常状态或将正常状态样本误识别为故障样本的情况，特征选择的效果较为明显。并且特征选择之后混合分类器的整体分类准确率较特征选择之前也有明显的提高，达到了 100%，远高于 SVM 和 BPNN。因此，对于齿轮有训练样本的故障类型，本研究中构建的混合分类器具有更强的诊断能力，能最大程度上避免误识别和漏检的发生，并且特征选择对于故障诊断系统的性能具有明显的提升作用。

　　2. 齿轮箱无训练样本故障类型的诊断结果及分析

　　为进一步验证新方法对齿轮箱已知故障类型和新故障类型的判别能力，将所构建的混合分类器与 SVM、BPNN 的判别结果作对比。仍然选取三种齿轮故障类型各 90 组来训练 $SVDD_i(i=4,5,6)$，即每类故障样本训练 1 个 SVDD 分类器。从 3 类故障样本中任选 2 类作为已知故障类型与正常样本一起重新进行特征选择，并构成训练集训练 SVM 和 BPNN，剩余 1 类故障样本作为新故障类型用于比较 3 种方法的分类性能。对于新方法，每次实验仅选取 1 组未知故障类型样本作为测试样本，并与所选取的 2 类已知故障类型样本(聚类结果已知)混合后进行 FCM 聚类，聚类中心个数 $c=2$，迭代终止阈值 $\varepsilon=0.0001$，并根据聚类结果从已经训练好的 3 个 SVDD 分类器中选择相应的 SVDD 分类器来判断该样本是否属于新故障类型。为了证明所提新方法的普适性，将 3 类故障样本轮流作为未知故障类型，以验证新方法对已知故障类型和新故障类型的判别能力。所构建混合分类器与 SVM、BPNN 的参数设置与之前相同。

当齿轮磨损故障、点蚀故障和断齿故障三种齿轮故障类型依次作为新故障类型时，三种方法的识别结果分别如表 7-9、表 7-10 及表 7-11 所示。为清晰表现不同方法对新故障类型的识别效果，测试样本集中仅包含被选作新类型的齿轮故障样本。

表 7-9 磨损故障为新故障类型时不同方法的诊断结果

分类器	正常	点蚀故障	断齿故障	新故障类型	状态判别准确率/%	新类型识别准确率/%
混合分类器	0	0	0	60	100	100
SVM	33	22	5	—	45	0
BPNN	35	19	6	—	41.7	0

表 7-10 点蚀故障为新故障类型时不同方法的诊断结果

分类器	正常	磨损故障	断齿故障	新故障类型	状态判别准确率/%	新类型识别准确率/%
混合分类器	0	0	0	60	100	100
SVM	30	24	6	—	50	0
BPNN	32	25	3	—	46.7	0

表 7-11 断齿故障为新故障类型时不同方法的诊断结果

分类器	正常	磨损故障	点蚀故障	新故障类型	状态判别准确率/%	新类型识别准确率/%
混合分类器	0	0	0	60	100	100
SVM	50	5	5	—	16.7	0
BPNN	51	5	4	—	15	0

从表 7-9～表 7-11 可以看出，在聚类中心个数即聚类类别数已知的情况下，3 类齿轮故障样本中任意一类作为测试样本时，新方法不仅可以准确判断出该齿轮样本是否属于故障样本，而且可以准确判断出该样本是否属于新故障类型。而 SVM 和 BPNN 只能部分地将新型故障判别为故障状态，并且没有区分已知故障类型和新故障类型的能力。因此，本章提出的基于 SVDD 和 FCM 的混合分类器可以准确识别齿轮的新故障类型，弥补了传统多类分类器容易将无训练样本故障类型误识别为正常状态的缺陷。

7.4 本章小结

风电机组传动系统在运行过程中产生的振动信号蕴含着重要的设备状态信息，选择风电机组传动系统的振动信号作为研究对象，并提取故障特征来实现风电机组传动系统的故障诊断。本章的研究成果和创新点主要包括以下几点。

(1) 设计了具有针对性的传动系统机械故障诊断方案。该诊断方案将风电机组传

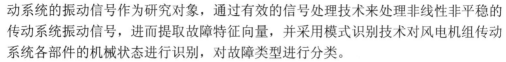

动系统的振动信号作为研究对象，通过有效的信号处理技术来处理非线性非平稳的传动系统振动信号，进而提取故障特征向量，并采用模式识别技术对风电机组传动系统各部件的机械状态进行识别，对故障类型进行分类。

（2）比较了 EWT、LMD 和 EEMD 方法的分解性能，对比结果表明 EWT 方法分解精度更高，分解速度更快，一定程度上可缩短故障诊断时间，更适用于风电机组传动系统振动信号的处理。

（3）汇集了风电机组传动系统机械故障诊断领域的常用特征，构建了包含丰富故障识别信息的全面初始特征集合。本章采用随机森林对所得初始特征集合中的每个特征依据重要度进行排序，结合序列前向特征选择方法，以随机森林的分类准确率为依据确定最优特征子集，在保持分类器分类性能不降低情况下，大幅降低初始特征集合的维数，从而降低模型复杂度和故障诊断时间。

（4）针对现有研究中采用的多分类方法存在对训练样本依赖度过高，容易将无训练样本的新故障类型误识别为正常状态的缺陷，提出了将 SVDD 和 FCM 联合使用的风电机组传动系统故障诊断方法。对风电场实际采集数据开展故障诊断测试结果表明，采用 SVDD 和 FCM 相结合的思想不但可以准确区分风电机组传动系统机械状态正常与故障样本，而且可以判断故障样本是否属于新故障类型，克服了传统多类分类器对训练样本依赖过高的缺陷。

参 考 文 献

[1] Gilles J. Empirical wavelet transform[J]. IEEE Transactions on Signal Processing, 2013, 61(16): 3999-4010.

[2] 黄南天, 方立华, 王玉强, 等. 基于局域均值分解和支持向量数据描述的高压断路器机械状态监测[J]. 电工电能新技术, 2017, 36(1): 73-80.

[3] 李东东, 周文磊, 郑小霞, 等. 基于自适应 EEMD 和分层分形维数的风电机组行星齿轮箱故障检测[J]. 电工技术学报, 2017, 32(22): 233-241.

[4] Rauber T W, Boldt F D A, Varejão F M. Heterogeneous feature models and feature selection applied to bearing fault diagnosis[J]. IEEE Transactions on Industrial Electronics, 2015, 62(1): 637-646.

[5] Mursalin M, Zhang Y, Chen Y, et al. Automated epileptic seizure detection using improved correlation-based feature selection with random forest classifier[J]. Neurocomputing, 2017, 241(C): 204-214.

[6] Cerrada M, Pacheco F, Cabrera D, et al. Hierarchical feature selection based on relative dependency for gear gault diagnosis[J]. Applied Intelligence, 2015, 44(3): 1-17.

[7]   Huang N, Chen H, Cai G, et al. Mechanical fault diagnosis of high voltage circuit breakers based on variational mode decomposition and multi-layer classifier[J]. Sensors, 2016, 16(11): 1-19.

[8]   Huang N, Fang L, Cai G, et al. Mechanical fault diagnosis of high voltage circuit breakers with unknown fault type using hybrid classifier based on LMD and time segmentation energy entropy[J]. Entropy, 2016, 18(9): 1-19.

[9]   张淑清, 孙国秀, 李亮, 等. 基于 LMD 近似熵和 FCM 聚类的机械故障诊断研究[J]. 仪器仪表学报, 2013, 34(3): 714-720.

[10] Li G，Hu Y，Chen H，et al. An improved fault detection method for incipient centrifugal chiller faults using the PCA-R-SVDD algorithm[J]. Energy & Buildings, 2016, 116:104-113.

第8章　采用非平衡小样本数据的风机主轴承故障深度对抗诊断

8.1　辅助分类生成对抗网络

生成对抗网络(generative adversarial networks，GAN)包含生成器(generator，G)和判别器(discriminator，D)两部分[1,2]。G将噪声信号z映射到样本空间，得到生成样本数据$X_{\text{fake}} = G(z)$；将生成样本X_{fake}或真实样本X_{real}输入判别器，由D判定并输出概率值$[P(S|X) = D(X)]$，它表示判别样本X属于S的概率。S为样本来源，其有2种可能：真实(real)，生成(fake)。GAN目标函数如下：

$$\min_G \max_D L(D,G) = E[\lg P(S = \text{real} | X_{\text{real}})]$$
$$+ E[\lg P(S = \text{fake} | X_{\text{fake}})] \tag{8-1}$$

含D目标函数和G目标函数2部分。其中，D目标函数为

$$\max_D L(D) = E[\lg P(S = \text{real} | X_{\text{real}})] + E[\lg P(S = \text{fake} | X_{\text{fake}})] \tag{8-2}$$

GAN通过式(8-2)优化D参数。输入为真实样本X_{real}时，D最大化"真实样本"判别概率；输入为生成样本X_{fake}时，D最大化"生成样本"判别概率。二者期望E相加，为D目标函数。

G目标函数为

$$\min_G L(G) = E[\lg P(S = \text{fake} | X_{\text{fake}})] \tag{8-3}$$

由式(8-3)优化G时，与真实样本无关，故舍去GAN目标函数第1项，仅保证最小化生成样本X_{fake}被判别为"生成样本"的概率。

GAN训练过程中，二者交替优化，通过G与D相互博弈，最终使G生成样本符合真实样本概率分布，达到纳什均衡。GAN无需先验概率建模，就能学习真实样本的分布，通过生成样本提高小样本场景下风机主轴承故障诊断准确率。但GAN无先验知识指导，对初始参数极其敏感，且存在训练不稳定与模式损失问题，导致在部分模式上生成样本缺乏多样性；同时，输入G的随机噪声信号无约束，导致生成样本概率分布与生成目标间差异大，且学习过程易发生崩溃。为了解决以上问题，Odena A等提出带标签辅助分类器的生成对抗网络AC-GAN，在传统GAN基础上

增加了噪声标签和多分类功能，使其既可根据标签生成指定类型样本，也可利用判别器直接实现样本多分类[3]。

AC-GAN 中，G 在输入随机噪声信号 z 的同时输入生成样本对应类标签 c。利用 z 和 c，生成对应类别样本 $X_{\text{fake}} = G(c,z)$。判别器 D 同时输出样本 X 来源于 S 的概率 $P(S|X)$ 和属于不同类别的概率 $P(C|X)$，即

$$[P(S|X), P(C|X)] = D(X) \tag{8-4}$$

式中，$C = c$，其中 $c \in \{1, 2, \cdots, n\}$，$n$ 表示样本类数。

AC-GAN 中，G 目标函数为最大化 $L_C - L_S$，D 目标函数为最大化 $L_C + L_S$，L_S 与 L_C 定义为

$$\begin{cases} L_S = E[\lg P(S = \text{real} \mid X_{\text{real}})] + E[\lg P(S = \text{fake} \mid X_{\text{fake}})] \\ L_C = E[\lg P(C = c \mid X_{\text{real}})] + E[\lg P(C = c \mid X_{\text{fake}})] \end{cases} \tag{8-5}$$

式中，L_S 为正确源损失函数，衡量判别数据来源于真实样本的正确性；L_C 为正确类损失函数，衡量输出类别的正确性。AC-GAN 通过内部博弈，最终实现有效生成与识别多类样本。

8.2　改进 AC-GAN

为解决小样本非平衡及复杂噪声场景下，风机主轴承故障诊断准确率不足问题，并提高信号特征提取效果，提出如图 8-1 所示的改进 AC-GAN 模型。

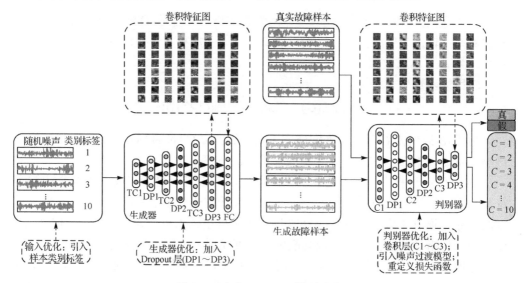

图 8-1　改进 AC-GAN 模型结构

新模型在 G 的输入端加入不带噪声的故障样本类别标签 $\hat{c}^g$，$\hat{c}^g \in \{1, 2, \cdots, n\}$，提高多分类场景下生成数据针对性；生成器中加入 Dropout 层，防止过拟合导致生成重复数据；判别器中添加卷积层提取更多细节特征，并引入噪声过渡模型，重定义损失函数，使 D 在不同场景下进行故障识别时均具有良好的性能。在 G 中加入 Dropout 层，保证故障样本生成质量，并用其生成大量故障类型样本数据进行 D 数据增强。在训练过程中，采用正则化 Dropout 方法随机忽略 G 部分神经元，使之在反向传播时不会更新权值参数，降低对神经元特定权值敏感性，提升模型的泛化能力。此外，在 D 中加入卷积层，使其提取更多原始信号细节特征。通过权值共享，卷积层减少模型训练参数，提高训练效率；同时，以卷积核对故障样本进行区域动态特征提取，能提取出更多细节特征，从而提高 D 主轴承故障诊断能力[4]。

由于噪声的影响，真实故障样本的实际类别可能被误识别。为提高新模型抗噪性，在 D 中引入噪声过渡模型并重定义损失函数[5-6]。将真实故障样本实际类别标签定义为不带噪声的样本标签 $\hat{c}^r$，$\hat{c}^r = \{1, 2, \cdots, n\}$；将真实故障样本被错误标记的标签定义为带噪声的样本标签 $\tilde{c}^r$。如真实故障样本类别为第 i 类、则其可能被误标记为第 j 类的概率称为噪声过渡概率 $T_{i,j}$。

$$T_{i,j} = p(\tilde{c}^r = j \mid \hat{c}^r = i) \tag{8-6}$$

由此，噪声过渡模型 T 定义如下：

$$T = (T_{i,j}), \quad T \in [0,1]^{n \times n} \text{且} \sum_i T_{i,j} = 1 \tag{8-7}$$

在此基础上，定义辅助分类损失函数 L_{AC}^r 代替原 AC-GAN 中的正确类损失函数 L_C，以提高 D 抗噪能力。L_{AC}^r 定义为

$$
\begin{aligned}
L_{AC}^r &= E[-\lg \tilde{D}(\tilde{c}^r = j \mid x^r)] \\
&= E\left[-\lg \sum_{i=1}^n p(\tilde{c}^r = j \mid \hat{c}^r = i)\hat{D}(\hat{c}^r = i \mid x^r)\right] \\
&= E\left[-\lg \sum_{i=1}^n T_{i,j}\hat{D}(\hat{c}^r = i \mid x^r)\right]
\end{aligned}
\tag{8-8}
$$

式中，x^r 表示真实故障样本；$\tilde{D}$ 表示将真实故障样本判别为带噪声的样本标签 $\tilde{c}^r$ 的概率；$\hat{D}$ 表示将真实故障样本判别为不带噪声的样本标签 $\hat{c}^r$ 的概率。类似地，损失函数 L_{AC}^g 代替原 AC-GAN 中的正确源损失函数 L_S，L_{AC}^g 如下：

$$L_{AC}^g = E\{-\lg \hat{D}[\hat{c}^g = i \mid G(z, \hat{c}^g)]\} \tag{8-9}$$

式中，改进 AC-GAN 通过 L_{AC}^g 优化生成器 $G(z, \hat{c}^g)$，生成无噪声的故障样本。

基于重定义损失函数构建的改进 AC-GAN 目标函数，在博弈优化过程中向降低噪声导致故障误识别概率方向开展优化，提高了 D 的抗噪性能。

8.3 改进 AC-GAN 实验样本构建

实测数据集来自 CWRU 轴承数据中心[7]。根据主轴承不同故障位置(内圈、外圈和滚动体)与程度(0.007inch、0.014inch 和 0.021inch),将故障类型分为 10 种。其中正常状态为第 1 类,按照不同故障位置和不同故障程度将故障状态分为第 2 类至第 10 类,详见表 8-1。

表 8-1　风机主轴承故障分类

类别	故障位置	损伤直径/inch
1	无	0.000
2	滚动体	0.007
3	滚动体	0.014
4	滚动体	0.021
5	内圈	0.007
6	内圈	0.014
7	内圈	0.021
8	外圈	0.007
9	外圈	0.014
10	外圈	0.021

实验采用 CWRU 数据集中 12kHz 采样频率下的主轴承故障数据。主轴承类型为 6205-2RS JEM SKF,转速 1750r/min。由于轴承旋转工作,其振动信号存在周期性特征。根据轴承转速,轴承每旋转一周可采样 $12000/(1750/60)$ 次,约为 411 个采样点。为了适应生成对抗神经网络结构,最终采样 392 个点为 AC-GAN 网络输入。为保证信息完整性和故障特征有效性,每个故障样本采用两个旋转周期内 784 个采样点的振动信号构成。同时,为提高训练样本数量且保障样本差异性,参考文献[8],训练样本通过重叠采样获取,重叠采样对于原始信号的特征信息覆盖更全面,有助于提高原始训练样本的基础数量,提高生成对抗网络在进行原始信号特征挖掘时的效果。同时,过大的采样间隔可能会导致原始特征信息的不完整,故间隔 50 个点进行样本采集。

判别器的训练与测试样本集合构建方式如图 8-2 所示。为通过卷积层挖掘更多细节特征,将每个样本处理为 28×28 的二维矩阵,输入改进 AC-GAN 的判别器 D。改进 AC-GAN 判别器训练样本如图 8-3 所示。

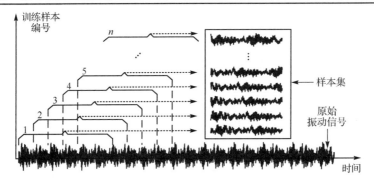

图 8-2　改进 AC-GAN 判别器的训练与测试样本集合构建

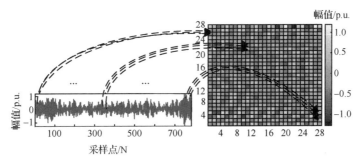

图 8-3　改进 AC-GAN 判别器训练样本

8.4　实验设计与分析

设计实验在小样本非平衡及复杂噪声场景下验证新方法的正确性与有效性。首先，采用模式分数(mode score，MS)和最大均值差异(maximum mean discrepancy，MMD)指标[9]分析样本生成效果，评估改进 AC-GAN 生成样本的多样性和真实性；采用概率密度函数[10](probality density function，PDF)分析生成主轴承故障样本与真实故障样本的统计量相似性。其次，通过在不同信噪比的测试集上比较分类的准确率，验证模型的抗噪性能。然后，通过减少训练样本，验证小样本场景下新方法故障诊断的有效性。最后，通过随机减少部分故障类型的训练样本数，验证在样本非平衡场景下新方法对非平衡主轴承故障类型的识别有效性。

8.4.1　生成样本真实性与差异性分析

1. 生成器样本生成能力评估

单纯采用过采样等方法实现分类器增强，会增加数据集中样本间的相似性，导致训练后的分类器存在过拟合风险。改进 AC-GAN 通过带标签约束的生成器，生成兼具真实性与差异性的"生成样本"。现有生成器评估指标中，MMD 通过"生成样本"与"真实样本"概率分布距离评估样本真实性；MS 通过"生成样本"与"真实样本"间边际标签分布 KL 散度距离评估样本差异性[9]。MMD 值越小，真实性越高；MS 值越大，差异性越高。

在生成器训练中，每次迭代后，计算 1 次其生成样本与真实样本间 MMD 和 MS 值，200 次迭代后，MMD 和 MS 值变化趋势如图 8-4 所示。由图 8-4 可知，随迭代次数增加，MMD 值逐渐降低，MS 值逐渐增加，最终达到收敛。这表明改进 AC-GAN 的生成器生成样本与真实样本概率分布趋向一致且具有差异性。由图 8-4 可知，训练初始阶段，MMD 值较大、MS 值较小，生成样本真实性低、多样性小。随着训练的进行，MMD 值逐渐下降，MS 值逐渐增加，生成样本与真实样本的概率分布逐渐接近，而且生成样本的多样性提高。

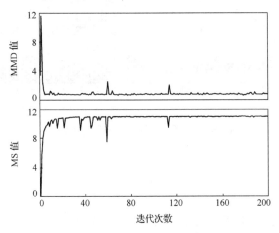

图 8-4　生成器训练 MMD 与 MS

2. 生成样本评估

采用如表 8-2 所示的 3 种统计量平均值、方差和最大值，分析生成样本和原始样本的概率统计特性。$X(k)$ 表示样本时间序列，平均值体现故障样本振动范围；方差体现故障样本离散程度；最大值体现故障样本振动幅值。

表 8-2　样本统计量

统计量	公式
平均值	$\text{Mean} = \dfrac{1}{N}\sum_{k=1}^{N} X(k)$
方差	$\text{Std} = \sqrt{\dfrac{1}{N}\sum_{k=1}^{N}[X(k)-\text{Mean}]^2}$
最大值	$\text{Max} = \max|X(k)|$

　　3 种统计量的散点图与 PDF 分析如图 8-5 所示。黑点与灰点分别代表真实样本和生成样本在不同统计量下散点分布；黑色曲线代表真实样本不同统计量下 PDF 曲线，灰色曲线代表生成样本不同统计量下 PDF 曲线。由 3 种统计量 PDF 曲线可知，生成样本和真实样本概率分布接近，生成样本散点基本覆盖真实样本散点且范围更大，证明改进 AC-GAN 的生成样本接近真实故障样本概率分布且存在一定差异性，满足博弈训练判别器所需生成样本多样性要求。

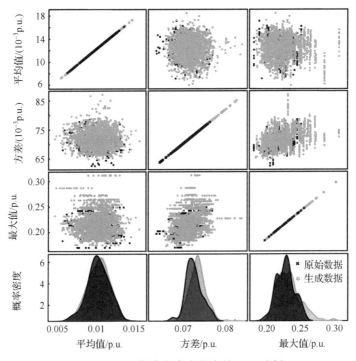

图 8-5　生成样本与真实样本的 PDF 分析

8.4.2　复杂噪声环境下主轴承故障诊断实验

　　通过在主轴承振动信号中添加不同程度的白噪声，以仿真验证复杂噪声环境下，改进 AC-GAN 风机主轴承故障诊断效果。实验中，每类训练集样本数为 2000，测试集样本数为 400。将训练完成的模型，分别以含白噪声且信噪比（signal-to-noise ratio，SNR）为 25、30、35 和 40dB 的测试数据集验证模型分类效果。图 8-6 为 4 类样本不同信噪比下振动信号。

　　在进行故障分类时，改进 AC-GAN 判别器卷积层提取的 4 类信号卷积特征如图 8-7 所示（以信噪比最低的 25dB 噪声环境为例展示）。主轴承故障特征由 64 个不同的卷积核提取，每个特征映射子图均由故障样本卷积产生。由图 8-7 可知，高噪

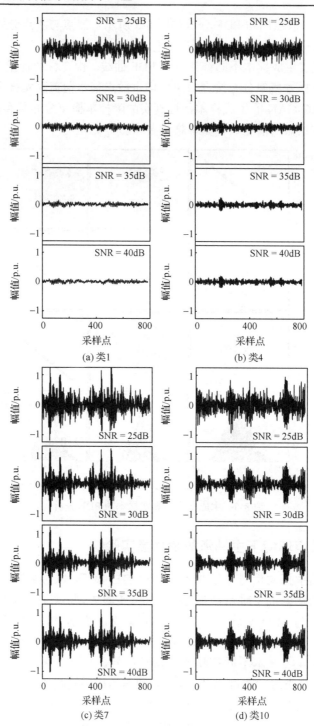

图 8-6　不同信噪比主轴承故障信号

声环境下，各故障类型卷积特征图仍具有明显差异。表明改进 AC-GAN 判别器具有良好的特征挖掘与抗噪能力。

　　分别在信噪比为 25dB、30dB、35dB 和 40dB 的噪声环境下测试分类准确率，结果如表 8-3。由表 8-3 可知，不同噪声程度下，新方法均保持良好的准确率。其中，类 5 和类 7 识别准确率始终保持 100%。无噪声环境下，平均识别准确率达 99.61%；信噪比最低的 25dB 高噪声环境下，平均识别准确率仍达 97.59%；信噪比为 30dB、35dB 和 40dB 噪声环境下，故障的平均识别准确率分别达到 98.71%、99.36%、99.45%。

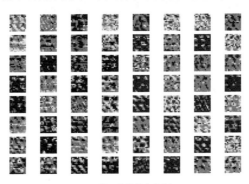

(a) 类 1 故障卷积特征

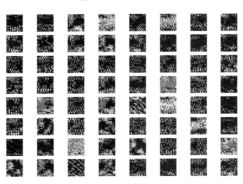

(b) 类 3 故障卷积特征

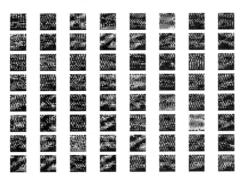

(c) 类 7 故障卷积特征

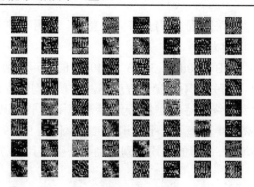

(d) 类9故障卷积特征

图 8-7 判别器提取不同类型故障卷积特征图(25dB)

新方法发生误识别时,并未将故障类型误识别为正常状态或错误故障位置类型,仅存在故障程度识别错误。相比于将故障状态误识别为正常状态或错误故障位置类型,新方法能够保证正确判别系统状态、准确判定故障位置,有助于提高风机运行可靠性,降低检修成本。

表 8-3 不同噪声下改进 AC-GAN 判别器的分类准确率

信噪比	类 1	类 2	类 3	类 4	类 5	类 6	类 7	类 8	类 9	类 10	平均
25dB	0.9800	0.9700	0.9150	0.9550	1.0000	0.9800	1.0000	0.9672	0.9975	0.9945	0.9739
30dB	1.0000	0.9800	0.9375	0.9786	1.0000	0.9900	1.0000	0.9900	1.0000	0.9950	0.9871
35dB	1.0000	0.9825	0.9836	0.9825	1.0000	0.9925	1.0000	0.9950	1.0000	1.0000	0.9936
40dB	1.0000	0.9847	0.9857	0.9843	1.0000	0.9937	1.0000	0.9965	1.0000	1.0000	0.9945
无噪声	1.0000	0.9862	0.9964	0.9850	1.0000	0.9965	1.0000	0.9970	1.0000	1.0000	0.9961

8.4.3 小样本场景主轴承故障诊断

为避免受人为设置间隔点增大而较少采集样本带来的主观影响,样本减少过程中采用随机减少样本方法,分别减少改进 AC-GAN 训练样本 20%、40%、60%,并在相同测试集上测试不同训练样本数下新方法分类效果,以分析小样本场景下新方法故障诊断性能。训练集构建如表 8-4 所示。

表 8-4 不同样本数训练集构建

训练样本总数减少				训练样本总数	每类训练样本数
0%	20%	40%	60%		
√	—	—	—	20000	2000
—	√	—	—	16000	1600
—	—	√	—	12000	1200
—	—	—	√	8000	800

以真正例率为 y 轴,以假正例率为 x 轴,可得到不同训练集规模下故障诊断 ROC(receiver operating characteristic curve,接受者操作特性曲线)曲线。AUC(area under curve,曲线下面积)被定义为 ROC 曲线下与坐标轴围成的面积,此面积的数值不大于 1。分类器的 AUC 值等价于将随机选择的正样本排序在随机选择的负样本之前的概率,ROC 曲线下面积越接近 1,分类器性能越好。不同训练集下,识别 10 类故障的 ROC 曲线如图 8-8 所示。

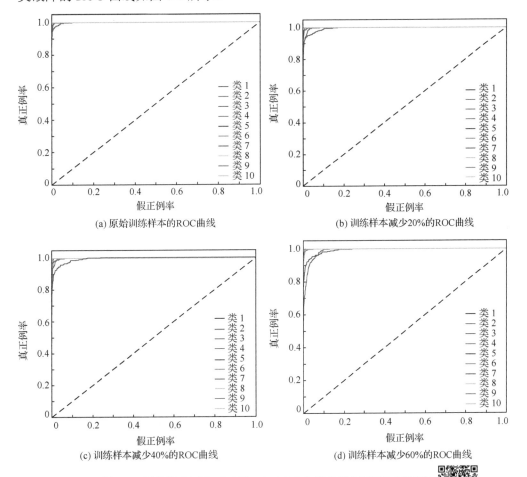

图 8-8 训练样本减少后改进 AC-GAN 分类结果(彩图扫二维码)

由图 8-8 可知,不同规模训练集合下,新方法识别后 AUC 差异较小。由表 8-5 可知,改进 AC-GAN 在训练集减少比例达到 60% 的情况下,AUC 面积仍达到了 0.99 以上,验证了改进 AC-GAN 在小样本场景下风机主轴承机械故障诊断的有效性。

表 8-5　不同训练集规模下改进 AC-GAN 分类的 AUC

训练集规模	类 1	类 2	类 3	类 4	类 5	类 6	类 7	类 8	类 9	类 10
无减少	1.0000	0.9997	0.9986	0.9996	1.0000	0.9999	1.0000	0.9999	0.9995	1.0000
减少 20%	1.0000	0.9985	0.9956	0.9978	1.0000	0.9978	1.0000	0.9998	0.9995	0.9999
减少 40%	1.0000	0.9966	0.9930	0.9947	1.0000	0.9952	1.0000	0.9996	0.9995	0.9994
减少 60%	0.9992	0.9942	0.9644	0.9906	1.0000	0.9921	1.0000	0.9991	0.9989	0.9981

8.4.4　样本非平衡场景下主轴承故障诊断

在主轴承故障诊断中,部分故障类型危害大但发生机率小,造成此类故障样本相对缺乏,难以挖掘内部规律、识别率低。当训练集非平衡时(部分故障类型样本较少),改进 AC-GAN 生成器能自动在训练时填补非平衡类,有助于提高非平衡训练数据场景下故障诊断准确率。构建多种非平衡训练集,仿真实际环境下可能存在的样本非平衡场景,并分别训练改进 AC-GAN,以验证新方法解决非平衡问题能力。不同非平衡样本集如表 8-6,其中平衡类的样本数为每类 2000,非平衡类样本数为每类 1000。

表 8-6　非平衡程度设置

非平衡类数				样本总数	非平衡类
0	1	2	3		
√	—	—	—	20000	—
—	√	—	—	19000	类 1
—	√	—	—	19000	类 2
—	√	—	—	19000	类 6
—	√	—	—	19000	类 10
—	—	√	—	18000	类 6、类 9
—	—	√	—	18000	类 3、类 10
—	—	—	√	17000	类 1、类 4、类 10

非平衡场景下实验结果如表 8-7 所示。从表 8-7 可知,不同非平衡场景下新方法依然保持良好的准确率。其中,类 1 和类 7 保持 100%准确率。单类非平衡场景下,平均识别准确率达 98.44%;2 类非平衡场景下,平均识别准确率达 98.30%;3 类非平衡场景下,平均识别准确率达 98.19%。虽然部分故障类型的识别准确率略低于其他类别,但无将故障状态误识别为正常状态情况。仅存在将相同故障位置不同故障程度识别错误。这一结果验证了新方法在非平衡场景下的可应用性。

表8-7 类别非平衡的情况下分类准确率

非平衡类	类1	类2	类3	类4	类5	类6	类7	类8	类9	类10
无	1.0000	0.9862	0.9964	0.9850	1.0000	0.9965	1.0000	0.9970	1.0000	1.0000
类1	1.0000	0.9750	0.9200	0.9825	1.0000	0.9724	1.0000	1.0000	0.9925	0.9950
类2	1.0000	0.9650	0.9251	0.9834	1.0000	0.9824	1.0000	1.0000	0.9825	0.9850
类6	1.0000	0.9750	0.9200	0.9825	1.0000	0.9650	1.0000	1.0000	0.9925	0.9950
类10	1.0000	0.9825	0.9225	0.9950	1.0000	0.9950	1.0000	1.0000	1.0000	0.9915
类6、类9	1.0000	0.9825	0.9100	0.9850	1.0000	0.9575	1.0000	1.0000	0.9975	0.9750
类3、类10	1.0000	0.9825	0.9225	0.9900	1.0000	0.9914	1.0000	1.0000	0.9900	0.9775
类1、类4、类10	1.0000	0.9850	0.9350	0.9350	0.9991	0.9925	1.0000	1.0000	1.0000	0.9725

8.4.5 不同分类方法对比实验

为进一步验证新方法的有效性与先进性，将改进 AC-GAN 与 SVM、卷积神经网络(convolutional neural networks，CNN)等方法比较，以多场景下分类准确率为指标，验证新方法先进性。当采用 SVM 分类器时，参考文献[11]，通过 EWT 从原始振动信号中提取偏度因子，变异系数和峰度因子等多种时域特征[12,13]，开展各场景下的故障识别。此外，通过 CNN 的卷积层(特征提取层)、非线性变换层(特征映射层)和池化层的多重组合实现卷积神经网络故障诊断，相关 CNN 参数设置参考文献[14]。

由表 8-8 可知，相比于 SVM、CNN 等，新方法在各种复杂场景下，均具有最高的准确率。信噪比为 25dB 时，SVM 和 CNN 平均分类准确率分别为 70.54%、80.57%，而改进 AC-GAN 仍达 97.59%；当样本减少比例为 60% 时，SVM 和 CNN 的平均分类准确率分别为 75.84%、82.57%，而改进 AC-GAN 达 99.37%；当训练样本集中存在 3 类非平衡样本时，SVM 和 CNN 平均分类准确率分别为 61.57%、75.29%，而改进 AC-GAN 达到 98.19%。对比可知，不同场景下新方法均具有最高分类精度，证明了新方法的有效性与先进性。

表8-8 多方法主轴承故障诊断对比实验

方法	不同噪声水平下				小样本场景(减少比例)			训练样本非平衡场景		
	25dB	30dB	35dB	40dB	20%	40%	60%	1类	2类	3类
EWT+SVM	0.7054	0.7676	0.8045	0.8772	0.8534	0.8026	0.7584	0.8612	0.7533	0.6157
CNN	0.8057	0.8564	0.9011	0.9521	0.9214	0.8715	0.8257	0.8825	0.7952	0.7529
改进 AC-GAN	0.9759	0.9871	0.9936	0.9945	0.9989	0.9978	0.9937	0.9844	0.9830	0.9819

8.5 本 章 小 结

为解决基于振动信号的风机主轴承故障诊断存在的振动信号噪声干扰复杂、故障样本少且类别间样本数非平衡等问题，本章提出基于改进 AC-GAN 的风机主轴承机械故障诊断新方法。新方法具有以下优点。

（1）将 AC-GAN 引入风机主轴承故障识别领域，实现了小样本非平衡场景下有效数据增强，提高了系统对非平衡故障类型识别能力。

（2）在生成器输入端加入可支持噪声过渡模型的真实故障样本类别标签，提高了多分类场景下数据生成能力。

（3）在判别器中添加卷积层，生成器中加入 Dropout 层，有效提取更多细节特征，提升了模型的泛化能力。

新方法不仅能够保证故障样本生成质量，还具备较强的抗噪性能。多种故障数据非平衡场景与噪声场景下实验证明，新方法故障识别准确率保持在98%以上，证明新方法具有良好的风机主轴承故障诊断能力。

参 考 文 献

[1] Goodfellow I J, Pouget-Abadie J, Mirza M, et al. Generative adversarial nets[C]//Proceedings of the 27th International Conference on Neural Information Processing Systems. Montreal: MIT Press, 2014: 2672-2680.

[2] Che T, Li Y R, Jacob A P, et al. Mode regularized generative adversarial networks[J]. arXiv preprint arXiv: 1612. 02136, 2016.

[3] Odena A, Olah C, Shlens J. Conditional image synthesis with auxiliary classifier GANs[C]//Proceedings of the 34th International Conference on Machine Learning, 2016.

[4] Wen L, Li X, Gao L, et al. A new convolutional neural network-based data-driven fault diagnosis method[J]. IEEE Transactions on Industrial Electronics, 2018, 65(7): 5990-5998.

[5] Wang R, Xiao X, Guo B, et al. An effective image denoising method for UAV images via improved generative adversarial networks[J]. Sensors, 2018, 18(7): 1985.

[6] Kaneko T, Ushiku Y, Harada T. Label-noise robust generative adversarial networks[C]//Proceeding of the IEEE/CVF Conferene on Computer Vision and Pattern Recognition, 2019: 2467-2476.

[7] 黄南天, 杨学航, 蔡国伟, 宋星, 陈庆珠, 赵文广. 采用非平衡小样本数据的风机主轴承故障深度对抗诊断[J]. 中国电机工程学报, 2020, 40(02): 563-574.

[8] Singh A, Parey A. Gearbox fault diagnosis under non-stationary conditions with independent

angular re-sampling technique applied to vibration and sound emission signals[J]. Applied Acoustics, 2019, 144: 11-22.

[9] Xu Q, Gao H, Yuan Y, et al. An empirical study on evaluation metrics of generative adversarial networks[J]. arXiv preprint arXiv: 1806. 07755, 2018.

[10] Chen Y, Wang Y, Kirschen D, et al. Model-free renewable scenario generation using generative adversarial networks[J]. IEEE Transactions on Power Systems, 2018, 33 (3) : 3265-3275.

[11] Xu Y, Zhang K, Ma C, et al. An adaptive spectrum segmentation method to optimize empirical wavelet transform for rolling bearings fault diagnosis[J]. IEEE Access, 2019, 7: 30437-30456.

[12] 黄南天, 张书鑫, 蔡国伟, 等. 采用 EWT 和 OCSVM 的高压断路器机械故障诊断[J]. 仪器仪表学报, 2015, 36 (12) : 2773-2781.

[13] 黄南天, 王斌, 蔡国伟, 等. 基于 Tsallis 熵与层次化混合分类器的含未知故障断路器机械故障诊断[J]. 高电压技术, 2019, 45 (5) : 1518-1525.

[14] Eren L, Ince T, Kiranyaz S. A generic intelligent bearing fault diagnosis system using compact adaptive 1D CNN classifier[J]. Journal of Signal Processing Systems, 2019, 91 (2) : 179-189.

第9章　基于噪声标签有限数据驱动的
风电机组传动系统轴承故障诊断

9.1　鲁棒性辅助分类生成对抗网络

AC-GAN 是在生成对抗网络基础上加入随机噪声信号标签和多分类功能，其既能根据标签生成指定类型样本，也能使用判别器实现样本多类型识别[1]。

在 AC-GAN 的生成器 G 加入随机噪声信号 z 及生成样本对应标签 c，其生成器针对性生成对应类别样本 $X_{\text{fake}} = G(c,z)$。判别器 D 分别输出的样本 X 来源于真实样本 X_{real} 及生成样本 X_{fake} 的概率 $P(S|X)$ 和属于不同类别的概率 $P(C|X)$，即

$$[P(S|X), P(C|X)] = D(X) \tag{9-1}$$

式中，S 为样本来源；X 为输出样本；$C=c$，$c \in \{1,2,\cdots,n\}$，n 表示样本类数。

AC-GAN 中，G 目标函数为最大化 $L_C - L_S$，D 目标函数为最大化 $L_C + L_S$，L_S 与 L_C 定义为[2]

$$\begin{cases} L_S = E[\lg P(S = \text{real} | X_{\text{real}})] + E[\lg P(S = \text{fake} | X_{\text{fake}})] \\ L_C = E[\lg P(C = c | X_{\text{real}})] + E[\lg P(C = c | X_{\text{fake}})] \end{cases} \tag{9-2}$$

式中，L_S 为正确源损失函数，用于判别数据来源的正确性；L_C 为正确类损失函数，用于判别输出类别的正确性。

通过生成器与判别器内部博弈，在迭代过程中交替优化，最终提高生成器的样本生成能力，提高有限数据驱动场景下判别器及分类器的样本类型识别能力。

为解决在含噪声标签有限数据驱动的复杂工况场景下，传动系统轴承振动信号的故障特征不稳定、提取难度大、故障诊断准确率不足的问题，并提高风电机组故障信号泛化特征提取效果，满足噪声标签强鲁棒性故障分类需求，提出如图 9-1 所示的改进强鲁棒性 rAC-GAN 模型。

针对含噪声标签的有限故障数据驱动场景的故障诊断步骤如下。首先，在 AC-GAN 的生成器输入端引入数据编码器，不直接用随机噪声信号，而使其模型根据真实轴承故障数据预先学习浅层故障特征，得到随机噪声输入。然后，再输入生成器，使其针对性生成海量满足真实样本概率分布特性的生成数据，实现训练样本数据扩充。其次，引入噪声标签过渡模型并重定义损失函数。同时，加入正则化互

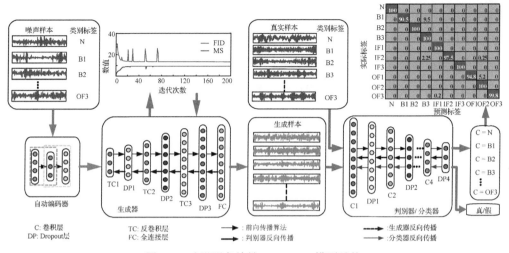

图 9-1 改进强鲁棒性 rAC-GAN 模型结构

信息，使 D 在含噪声标签有限数据驱动场景进行故障类型识别时均具有良好性能。在 rAC-GAN 判别器引入最小批量判断，实现生成数据与真实数据差异性批量比较，保证生成数据质量，防止过拟合导致生成重复数据，以此提高模型的鲁棒性。最后，通过权值共享、减少训练参数，提高训练效率；同时，以卷积核提取训练样本数据区域动态特征及细节特征，提高 D 状态分类性能[3]。

受噪声标签干扰，D 会误识别真实样本类别。引入噪声过渡模型并重定义损失函数，提高模型噪声标签鲁棒性[1]。将样本真实类别标签定义为 $\hat{C}^r$，$\hat{C}^r = \{1,2,3\cdots,n\}$；将被误标的标签定义为噪声标签 $\tilde{C}^r$。真实类别标签为第 i 类、其被误标为第 j 类的概率称为噪声过渡概率 $T_{i,j}$：

$$T_{i,j} = P(\tilde{c}^r = j \mid \hat{c}^r = i) \tag{9-3}$$

由此，噪声过渡模型 T 定义如下。

$$T = (T_{i,j}), \qquad T \in [0,1]^{n \times n} \quad 且 \quad \sum_i T_{i,j} = 1 \tag{9-4}$$

使用辅助分类损失函数 L_{AC}^r 替换 AC-GAN 中的 L_C，实现模型的抗噪声标签能力增强。L_{AC}^r 公式如下。

$$\begin{aligned} L_{AC}^r &= E[-\lg \tilde{D}(\tilde{c}^r = j \mid x^r)] \\ &= E[-\lg \sum_{i=1}^{n} P(\tilde{c}^r = j \mid \hat{c}^r = i)\hat{D}(\hat{c}^r = i \mid x^r)] \\ &= E[-\lg \sum_{i=1}^{n} T_{i,j}\hat{D}(\hat{c}^r = i \mid x^r)] \end{aligned} \tag{9-5}$$

式中，x^r 为真实样本；$\tilde{D}$ 为将真实样本类型判别为噪声标签 $\tilde{C}^r$ 的概率；$\hat{D}$ 为将样

本判别为真实标签 $\hat{C}^r$ 的概率。

使用损失函数 L_{AC}^g 替换 rAC-GAN 中 L_S ，L_{AC}^g 定义如下：

$$L_{AC}^g = E[-\lg \hat{D}(\hat{c}^g = i \mid G(z, \hat{c}^g))] \tag{9-6}$$

式中，改进 rAC-GAN 通过 L_{AC}^g 优化生成器 $G(z, \hat{c}^g)$ ，生成不含噪声标签的生成样本。$\hat{c}^g$ 为 G 的输入样本真实类别标签，$\hat{c}^g \in \{1, 2, \cdots, n\}$ 。

基于上述改进，rAC-GAN 模型迭代过程中，向降低噪声标签影响的方向开展博弈优化，最终实现噪声标签鲁棒性分类及有限数据驱动场景故障类型有效识别。

9.2 实验数据集的构建

9.2.1 传动系统典型故障诊断数据集

基于振动信号分析，可实现传动系统关键部件的非侵入式故障诊断。针对传动系统中的主轴承及齿轮箱轴承开展故障诊断效果分析，分别使用实验室条件下采集得到的数据集及实际运行工况下风机齿轮箱故障数据集开展故障诊断研究。

1. 主轴承故障诊断数据集

CWRU 轴承振动公开数据集经过大量实验验证，是风机主轴承故障诊断领域基准数据。选用电机驱动端深沟球滚动轴承，型号为 SKF 6205，采样频率设为 12kHz 的故障数据，模拟风电机组主轴承上的各类故障。利用电火花技术在轴承内圈、外圈和滚动体上设置不同故障程度单点故障，损伤直径分别为 0.007、0.014、0.021inch[4]。

主轴承故障状态分类如表 9-1 所示。

表 9-1 主轴承故障状态分类

类别	故障位置	损伤直径/inch
N	—	0
B1		0.007
B2	滚动体	0.014
B3		0.021
IF1		0.007
IF2	内圈	0.014
IF3		0.021
OF1		0.007
OF2	外圈	0.014
OF3		0.021

2. 齿轮箱故障诊断数据集

美国国家可再生能源实验室(National Renewable Energy Laboratory，NREL)利用风电场因故障被拆卸的风电机组齿轮箱进行实验，使用 National Instruments PXI-4472B 高速数据采集系统收集采样频率 40kHz 的齿轮箱轴承正常状态及各种故障状态数据，得到齿轮箱振动状态监测基准数据集。其中，风力发电机以 1800rpm 转速运行，齿轮箱增速总比为 1：81.491[5]。相比实验室的试验数据，在实际运行工况下获得的数据更能反映风力发电机齿轮箱故障诊断的实际效果。

实际运行工况下风机发电机转速及转矩如图 9-2、图 9-3 所示。

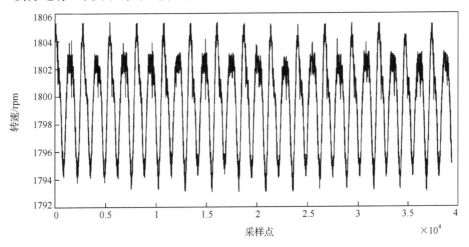

图 9-2　实际工况下风力发电机转速

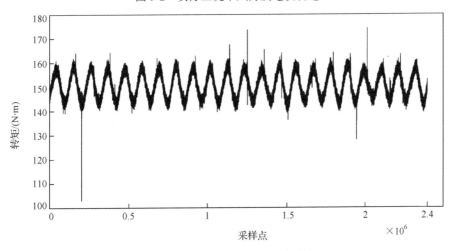

图 9-3　实际工况下风力发电机转矩

由图 9-2 和图 9-3 可知，在实际运行工况下，风力发电机齿轮箱中各类轴承的速度会随风速波动而波动，同时齿轮箱轴承会受到持续的应力冲击。实际运行工况下，时刻处于波动过程的速度会导致故障特征不稳定，故障提取难度加大。同时，也使得风电机组实际运行工况下，部件的故障风险加大，故障诊断难度升高。

以风电机组齿轮箱的高频故障类型为例，分析该数据集中涉及圆锥滚子轴承(tapered roller bearings，TRB)、圆柱滚子轴承(cylindrical roller bearings，CRB)和满装圆柱滚子轴承(full-complement cylindrical roller bearings，FcCRB)的各类机组齿轮箱轴承振动状态监测基准数据。根据文献[5]、[6]，将风电机组齿轮箱在实际运行工况下的轴承状态分为五种，如表 9-2 所示。

表 9-2　风电机组齿轮箱轴承故障分类

类别	故障部位	型号	故障原因	额定转速/rpm
H	—		健康	—
D1	HS-SH 顺风轴承	TRB	过热	1800
D2	IMS-SH 迎风轴承	CRB	装配损坏，划伤，凹痕	450
D3	IMS-SH 顺风轴承	TRB	装配损坏，凹痕	450
D4	PLC 迎风向轴承	FcCRB	微动腐蚀	78

由表 9-2 可知，风电机组齿轮箱振动数据集包含以下数据：①轴承的健康状态(H)和四种故障状态(D1，D2，D3 和 D4)；②滚动轴承各种高频故障零件，即高速轴(HS-SH)、中速轴(IMS-SH)、行星架(PLC)轴承；③风力发电机齿轮箱中各种轴承的额定转速。由于在相同故障类型下受到速度波动和噪声标签的影响，原始训练样本数据可能是小样本或受噪声标签影响的不平衡样本数据，因而在实际运行工况下，故障识别效果会降低。

9.2.2　传动系统故障诊断数据集构建

由于轴承旋转工作，其振动信号故障特征存在周期性。以 CWRU 主轴承的故障振动信号为例，经计算，主轴承每运行一圈，采样系统约采样 400～416 个点[4]。为满足 rAC-GAN 的结构要求，保证样本信息完整、故障特征有效，其每个训练样本用 784 个采样点的振动数据构成；针对 NREL 齿轮箱轴承的振动基准数据，综合各类轴承转速范围，将采样频率确定为 10kHz。各类齿轮箱轴承故障样本也由 784 个采样点的振动信号数据组成。784 个采样点的持续时间可包括高速轴承和中速轴承旋转一圈的持续时间，并同时反映低速轴承故障样本相对稳定的特征[5-6]。

同时，为增加训练样本的数量，确保训练样本多样性，通过重叠采样获得训练样本。重叠采样能够包含原始振动信号故障特征信息，并提高训练样本数量，实现故障特征有效挖掘。为防止采样间隔过大致使特征信息不全，每间隔 50 个采样点得到 1 个样本，样本构建方式如图 9-4 所示。

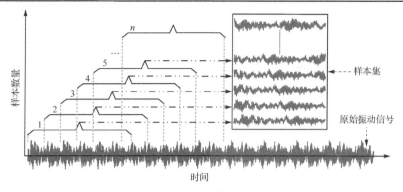

图 9-4 训练与测试样本集合构建

此外，将样本处理为 28×28 的二维图片，满足 rAC-GAN 自动挖掘故障信号特征需要。以机组主轴承故障振动信号处理过程为例，在主轴承正常状态及各种故障状态下，改进 rAC-GAN 判别器的正常训练样本及各类故障训练样本分别如图 9-5、图 9-6 所示，二维图片经振动信号转化而来。

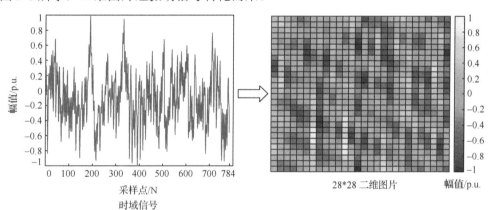

图 9-5 风机主轴承正常状态训练样本二维展示

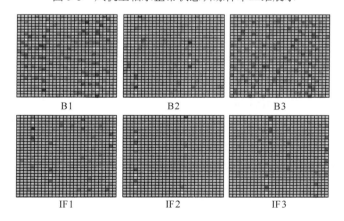

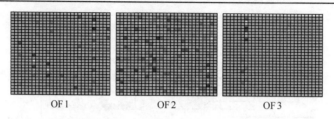

图 9-6　风机主轴承故障状态训练样本二维展示

噪声标签中跨类别噪声对模型分类精度影响更大[58]。在有限的轴承故障数据（主轴承振动数据、齿轮箱轴承振动数据）基础上（2000 组训练样本数，400 组测试样本数据），随机更改（标签错位、误标等操作）轴承故障数据标签标注，得到标签错误率分别为 2.5%、5%、10%、20%跨类噪声标签训练数据。不同噪声标签训练数据集构建如表 9-3 所示。

表 9-3　不同噪声比例标签的训练数据集构建

噪声比例	0%	2.5%	5%	10%	20%
每类样本噪声标签数	0	50	100	200	400
每类样本精确标签数	2000	1950	1900	1800	1600

9.3　含噪声标签场景生成样本分析

9.3.1　生成器样本生成能力分析

使用随机过采样等方法实现样本数量的增加，容易加大样本间相似性，导致分类模型存在过拟合的风险[7]。而改进 rAC-GAN 的生成器，可针对性生成兼具相似性与差异性的"生成样本"。

现有样本生成能力评估指标中，Frechet Inception 距离得分（Frechet inception distance score，FID）通过计算生成及真实样本在特征层（inception v3 的 feature map 层）之间的距离，判别生成样本是否失真，实现对生成数据真实性和多样性的评估；MS 通过"生成样本"与"真实样本"之间边际标签分布相对熵散度（Kullback–Leibler divergence，KLD）距离评估样本差异性。其中，FID 值越小，越接近真实样本概率分布；MS 值越大，其差异性越高。

以 CWRU 主轴承故障振动信号数据为例，选择跨类别噪声标签比例为 5%的训练样本数据开展改进 rAC-GAN 的生成器样本生成能力分析。在生成器训练过程中，每次迭代后，计算一次 AC-GAN 及改进 rAC-GAN 生成样本与真实样本间 FID 和 MS 值。迭代 200 次，FID 和 MS 值如图 9-7、图 9-8 所示。

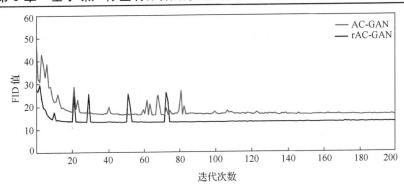

图 9-7　含 5%噪声标签场景生成器训练 FID 值

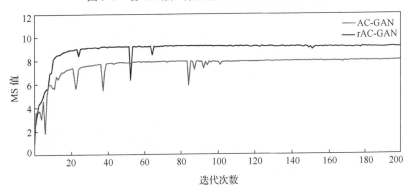

图 9-8　含 5%噪声标签场景生成器训练 MS 值

由图 9-7、图 9-8 可知，在迭代过程中，FID 值及 MS 值在波动中趋于收敛。表明生成样本与真实样本概率分布相似且存在一定差异。此外，在含 5%跨类噪声标签场景，训练初始阶段，FID 值较大、MS 值较小，生成样本真实性低、多样性小。随训练过程的进行，FID 值逐渐下降，MS 逐渐增加。相较于传统 AC-GAN，采用改进 rAC-GAN 得到较低的 FID 值和较高的 MS 值，表明其生成样本与真实样本的概率分布更加接近，而且生成样本的多样性提高。

9.3.2　生成样本分析

针对改进 rAC-GAN 生成器生成的训练样本，采用如表 9-4 所示三种统计量平均值、方差和最大值，分析样本生成的效果。

表 9-4　样本统计量

统计量	公式
平均值	$\text{Mean} = \dfrac{1}{N}\sum_{k=1}^{N} X(k)$

续表

统计量	公式
方差	$\mathrm{Std} = \sqrt{\dfrac{1}{N}\sum_{k=1}^{N}[X(k)-\mathrm{Mean}]^2}$
最大值	$\mathrm{Max} = \max\lvert X(k)\rvert$

$X(t)$ 为时间序列样本,均值、方差、最大值分别体现生成样本波动范围、离散程度及幅值。以概率密度函数(PDF)曲线展现生成数据与真实数据集的概率分布特性。

改进 rAC-GAN 生成器生成的训练样本,经 3 种统计量分析所得的散点图与 PDF 曲线如图 9-9 所示。在散点图中,三种圆点分别代表原始训练数据、AC-GAN 生成样本与改进 rAC-GAN 生成样本。在 PDF 曲线图中,三种曲线分别代表真实样本、AC-GAN 与改进 rAC-GAN 生成样本不同统计量的 PDF 曲线。

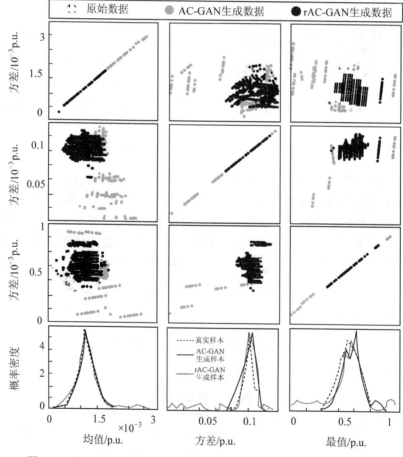

图 9-9　含 5%噪声标签场景故障生成样本与真实样本散点及概率分布

由 3 种统计量分析所得的散点图与 PDF 曲线可知,在含相同比例噪声标签数据场景,相较于 AC-GAN,改进 rAC-GAN 生成样本和真实样本概率分布更加接近,且生成样本散点基本覆盖真实样本散点,离群点较少,受噪声标签影响更小。这表明新方法生成的样本更接近真实样本概率分布,且具有一定差异性及较强的抗噪声标签鲁棒性,满足了生成器与判别器博弈优化过程中对样本多样性的需求。

此外,相同噪声比例下,AC-GAN 生成数据比 rAC-GAN 生成数据均值、方差更大。可见生成阶段,rAC-GAN 能有效避免噪声标签影响,可以生成更加接近真实故障样本概率分布的样本数据。

9.4　含噪声标签有限数据驱动场景故障诊断

由 rAC-GAN 的样本生成分析实验可知,rAC-GAN 不仅有很强的样本生成能力,而且生成的样本还具有多样性,服从真实样本的概率分布。这里选择在跨类噪声标签 5%的场景,开展含噪声标签有限数据驱动场景故障诊断实验,以进一步验证新方法在小样本、非平衡、含不同比例噪声标签典型的有限数据驱动场景的故障分类效果。

9.4.1　训练样本减少实验

获取大量风电机组轴承的故障样本数据成本高、难度大。因此,需要分析含噪声标签干扰的小样本场景下新方法故障诊断效果。以主轴承和各类齿轮箱轴承故障数据作为样本数据,随机选取改进 rAC-GAN 训练样本数的 80%、60%、40%,验证所提方法在不同样本训练集下的分类准确率。

不同样本数训练集构建如表 9-5 所示。

表 9-5　不同样本数训练集构建

训练样本减少比例/%	训练样本总数	每类训练样本数
0	20000	2000
20	16000	1600
40	12000	1200
60	8000	800

在不同样本数训练集下开展风电机组轴承故障诊断实验,通过接收器操作特征曲线 ROC,评估不同训练集规模下,改进 rAC-GAN 的分类性能[8]。其中,宏平均(Macro-average)将 n 分类分解为 n 个二分类,并计算 n 个二分类子分类问题 F1 分数(F1 score),以 n 个 F1 分数的平均值评估宏观 F1(Macro F1)整体分类效果。其计算公式如下。

$$P_{\text{macro}} = \frac{1}{n} \sum_{i=1}^{n} P_i \qquad (9\text{-}7)$$

$$R_{\text{macro}} = \frac{1}{n} \sum_{i=1}^{n} R_i \qquad (9\text{-}8)$$

$$\text{Macro F1} = \frac{2 * P_{\text{macro}} * R_{\text{macro}}}{P_{\text{macro}} + R_{\text{macro}}} \qquad (9\text{-}9)$$

式中，n 为故障分类数，此处取 n 为 10；P_i、R_i 分别为第 i 类分类精确率和召回率；P_{macro}、R_{macro} 分别为第 i 类分类宏精确率和宏召回率。

微平均(Micro-average)方法首先计算 n 个二分类的真正例(true positive，TP)、假反例(false negative，FN)及假正例(false positive，FP)的均值，然后计算微精确率和微召回率，由 P_{micro} 和 R_{micro} 计算微观 F1(Micro F1)，以 Micro F1 值评估整体分类效果。其计算公式如下。

$$P_{\text{micro}} = \frac{\overline{\text{TP}}}{\overline{\text{TP}} + \overline{\text{FP}}} \qquad (9\text{-}10)$$

$$R_{\text{micro}} = \frac{\overline{\text{TP}}}{\overline{\text{TP}} + \overline{\text{FN}}} \qquad (9\text{-}11)$$

$$\text{Micro F1} = \frac{2 * P_{\text{micro}} * R_{\text{micro}}}{P_{\text{micro}} + R_{\text{micro}}} \qquad (9\text{-}12)$$

式中，$\overline{\text{TP}}$、$\overline{\text{FP}}$ 及 $\overline{\text{FN}}$ 分别为 TP、FP 和 FN 的均值；P_{micro}、R_{micro} 分别为第 i 类故障诊断的微精确率和微召回率。

多分类情况下，Macro-average 方法相对于 Micro-average 方法更易受到小样本的影响，即更能反映小样本分类的表现[9]。

1. 主轴承故障诊断效果

不同样本减少比例下主轴承故障诊断的 ROC 曲线如图 9-10 所示。由图 9-10 可知，不同训练集合规模下，所得 ROC 曲线下的面积差异较小。新方法在训练样本减少 60%时，AUC 面积仍大于 99%。同时，由样本减小实验的 Macro-average 值可见，所用模型在训练样本减少 60%时仍具有较优的分类性能。

通过混淆矩阵评估分类器在样本数据减少时对每类故障的分类效果及总体分类性能。不同比例样本训练集下，主轴承各类故障识别效果如图 9-11 所示，同故障位置不同程度的故障类型识别情况为红线所圈区域。

由图 9-11 可知，当故障训练样本减少时，故障识别准确率稍有减小。同时，滚动体故障识别难度较大。在含 5%跨类别噪声标签场景，改进 rAC-GAN 在训练集减少比例达 60%的情况下，各故障类型识别准确率仍达到 86%以上，总体分类精度仍

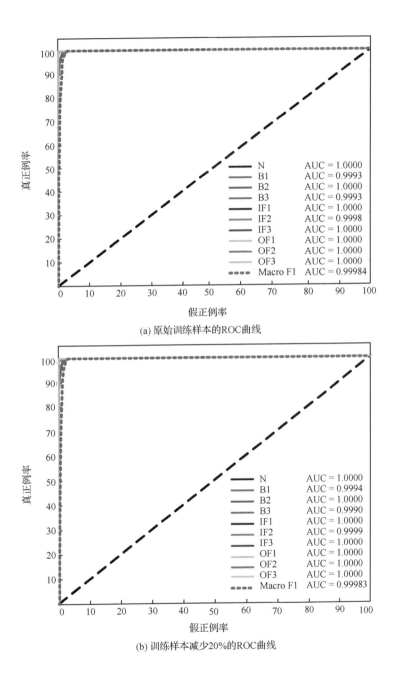

(a) 原始训练样本的ROC曲线

(b) 训练样本减少20%的ROC曲线

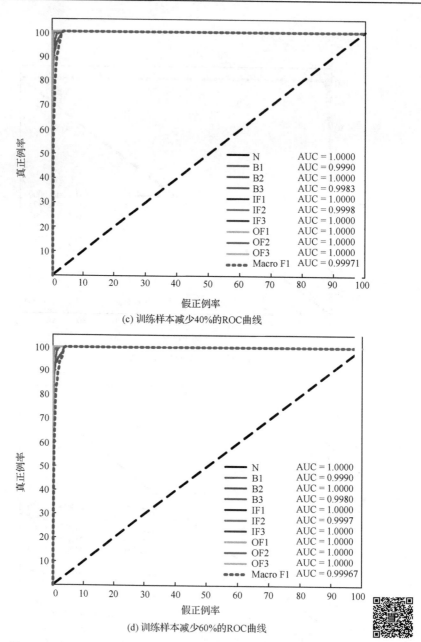

(c) 训练样本减少40%的ROC曲线

(d) 训练样本减少60%的ROC曲线

图 9-10 含 5%噪声标签训练样本减少场景的 ROC 曲线(彩图扫二维码)

高于 97.85%。而且，不存在将正常状态识别为故障状态的情况，也不存在将故障状态识别为正常的情况，大部分误识别情况也仅为故障程度误识别。

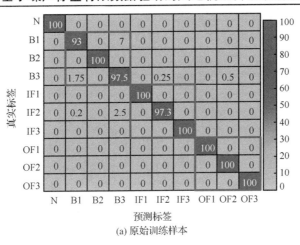

(a) 原始训练样本

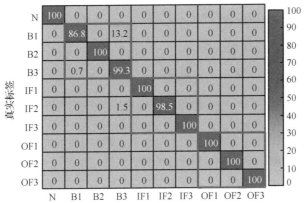

(b) 训练样本减少20%

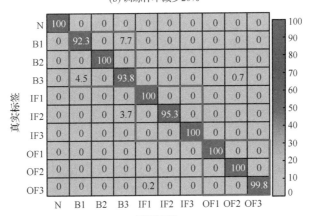

(c) 训练样本减少40%

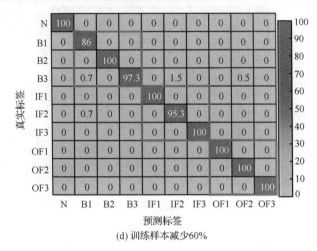

(d) 训练样本减少60%

图 9-11　含 5%噪声标签样本减少场景的混淆矩阵

2. 齿轮箱轴承故障诊断效果

进一步使用 NREL 风电机组齿轮箱实际运行工况下故障诊断数据集，在不同规模训练样本减少比例下开展故障诊断实验。风电机组齿轮箱 5 种故障的 ROC 曲线如图 9-12 所示。

由图 9-12 可知，在不同规模训练样本下，ROC 曲线略有不同。即使训练集减少 60%，AUC 指标仍达到整体的 97.2%以上。同时，从样本减少实验过程中 Macro-average 值可以明显看出，当训练样本减少 60%时，所使用模型仍具有良好的分类性能。这表明改进的 rAC-GAN 在实际运行工况小样本数据驱动下齿轮箱轴承

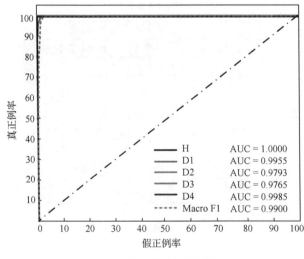

(a) 原始训练样本ROC 曲线

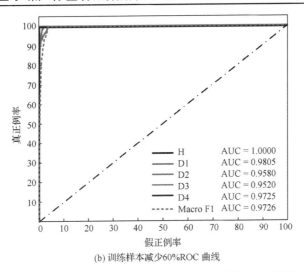

(b) 训练样本减少60%ROC曲线

图9-12 含5%噪声标签训练样本减少场景的 ROC 曲线

故障诊断的有效性。在不同数量的样本训练集下，对齿轮箱故障类型识别效果的混淆矩阵如图 9-13 所示。

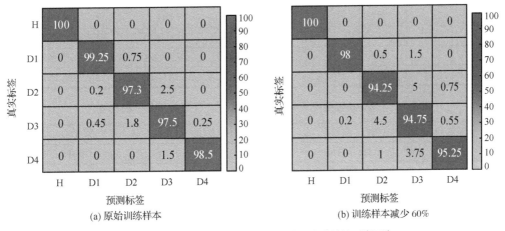

(a) 原始训练样本　　　　　　　　　　　　　　(b) 训练样本减少 60%

图9-13 含5%噪声标签训练样本减少场景的混淆矩阵

由图 9-13 可见，当训练样本减少时，故障类型识别准确性会略有降低，识别 IMS-SH 轴承故障（D2、D3）较难。在跨类别噪声标签比例为 5%情况下，训练集样本数量减少 60%，每种故障类型的识别准确率也超过了 94.2%，总体分类准确性也高于 96.45%，并且没有出现正常状态类型与故障状态类型的错误识别。

9.4.2 训练样本非平衡实验

传动系统轴承故障诊断中，虽然部分故障类型发生概率小，但其对机组性能影响严重。因此，此类故障类型训练样本缺乏，存在训练样本非平衡问题，挖掘内部特征规律较为困难，导致此类故障识别准确率较低。对训练样本非平衡问题，新方法生成器可以通过自动填补非平衡类样本数据，减小其对故障识别效果的影响。基于不同非平衡程度的训练集，分别训练改进 rAC-GAN，验证新方法解决非平衡问题的能力。

1. 主轴承故障诊断效果

主轴承故障样本数据的训练样本非平衡程度设置如表 9-6 所示，分别设置了训练样本平衡、单类非平衡、2 类非平衡及 3 类非平衡场景。在含 5%跨类别噪声标签不同非平衡程度数据场景下开展主轴承故障诊断，实验结果如表 9-7 所示。

表 9-6 含 5%跨类别噪声标签数据的不同非平衡程度

非平衡类数				样本总数	非平衡类	噪声标签总数
0	1	2	3			
√				20000	—	1000
	√			19000	B1	950
	√			19000	IF2	950
	√			19000	OF3	950
		√		18000	IF2、OF2	900
		√		18000	B2、OF3	900
			√	17000	N、B3、OF3	850

表 9-7 含 5%跨类别噪声标签类别在不同非平衡的场景下的分类精度

非平衡类	N	B1	B2	B3	IF1	IF2	IF3	OF1	OF2	OF3
无	100	93.00	100	97.50	100	97.25	100	100	100	100
B1	100	92.00	98.25	97.50	100	97.25	99.75	100	100	99.83
IF2	100	93.50	98.25	97.28	100	97.24	99.25	100	100	99.78
OF3	100	93.25	99.50	97.25	100	97.05	100	100	100	99.50
IF2、OF2	100	93.00	98.50	98.25	100	95.75	99.75	100	100	99.75
B2、OF3	100	92.55	98.05	97.25	100	97.00	99.14	100	100	99.50
N、B3、OF3	100	92.53	98.50	93.50	99.95	97.25	100	100	100	98.28

在含噪声标签不同非平衡数据驱动场景下，新方法具有良好的分类精度。其中，正常类 N、故障类 OF1 及 OF2 的分类精度为 100%。在平衡场景下，平均分类精度达 98.78%；在单类、2 类、3 类非平衡场景下，平均分类精度仍分别达到了 98.55%、98.42%及 98.00%。虽然存在某些主轴承故障类型的分类精度较低，但没有出现将正常状态类型误识别为故障状态类型的情况。

2. 齿轮箱轴承故障诊断效果

使用 NREL 的风电机组齿轮箱故障数据集，在含 5%跨类别噪声标签不同非平衡数据场景下，进一步分析实际运行工况中风电机组的齿轮箱各类轴承的故障诊断效果。带噪声标签训练样本数据的不同非平衡程度如表 9-8 所示。其中，平衡类的训练样本数为 2000，非平衡类训练样本数为 1000。针对实际运行工况齿轮箱轴承故障数据，改进 rAC-GAN 在带噪声标签的不同非平衡数据场景下的分类精度如表 9-9 所示。

表 9-8　含 5%跨类别噪声标签数据的不同非平衡程度

非平衡类数				样本总数	非平衡类	噪声标签总数
0	1	2	3			
√				10000	—	500
	√			9000	D1	450
	√			9000	D2	450
	√			9000	D3	450
		√		8000	D1、D2	400
		√		8000	D1、D3	400
		√		8000	D2、D3	400
			√	7000	D1、D2、D3	350

表 9-9　含噪声标签的不同非平衡数据场景下的分类精度

非平衡类	H	D1	D2	D3	D4
—	100	95.00	98.00	97.50	100
D1	100	95.00	98.25	97.50	98.75
D2	100	95.75	94.50	97.28	98.25
D3	100	95.80	99.50	93.25	97.25
D1、D2	100	94.53	96.50	97.25	98.50
D1、D3	100	95.05	96.55	97.05	98.50
D2、D3	100	94.55	95.50	95.75	98.05
D1、D2、D33	100	94.00	93.50	93.50	97.55

如表 9-9 所示，在含噪声标签的不同非平衡数据驱动场景下，新方法仍具有较高分类准确率。其中，健康的 N 类保持 100%的分类准确性。在平衡场景下，平均识别准确率为 98.1%。在单类、2 类和 3 类非平衡数据驱动场景下，故障类型的平均识别准确率分别为 97.41%、97.19%和 95.71%。

9.4.3　含不同比例噪声标签样本实验

　　分别使用 AC-GAN 和改进 rAC-GAN 在含不同比例的跨类别噪声标签数据下开展主轴承和齿轮箱轴承故障诊断实验，故障识别精度如表 9-10 所示。

表 9-10　不同噪声标签比例下轴承故障识别精度

故障部位	主轴承					齿轮箱轴承				
噪声比例	0%	2.5%	5%	10%	20%	0%	2.5%	5%	10%	20%
AC-GAN	98.45	97.32	97.13	94.715	89.075	99.51	98.28	98.12	95.72	89.07
改进 rAC-GAN	98.45	98.26	97.86	96.21	94.18	99.51	99.23	98.79	97.35	95.20

　　由表 9-10 可知，随噪声标签比例的增加，模型对主轴承故障及齿轮箱轴承故障的分类准确率均受到相应影响，但仍有较好的识别效果。改进 rAC-GAN 在含噪声标签场景下，分类性能均优于 AC-GAN 分类模型。此外，随着噪声标签比例增加，改进的 rAC-GAN 在抗噪声标签分类方面优势显著。

9.5　含噪声标签有限数据驱动场景下不同方法对比实验

　　在含 5% 跨类别噪声标签数据驱动场景下，将改进 rAC-GAN 与 SVM、CNN 比较，基于分类精度指标验证所提方法有效性。

9.5.1　含噪声标签有限数据场景对比实验

　　基于有限数据驱动场景(小样本、样本非平衡场景)，比较 EWT+SVM，CNN，AC-GAN 和改进的 rAC-GAN 的诊断结果。表 9-11 显示了各种方法在含噪声标签有限数据场景下，风电机组主轴承及齿轮箱轴承故障诊断精度。

表 9-11　含噪声标签的有限数据场景各方法的轴承故障诊断精度

模型	故障部位	小样本场景			样本非平衡场景		
		20%	40%	60%	1 类	2 类	3 类
EWT+SVM	主轴承	79.34	72.26	69.84	81.12	69.33	55.57
CNN		90.14	81.15	76.57	82.46	73.52	69.29
AC-GAN		90.73	90.51	90.25	90.53	90.47	90.34
改进 rAC-GAN		92.45	92.10	91.85	92.67	92.59	92.19
EWT+SVM	齿轮箱轴承	80.14	75.25	72.80	82.25	72.15	58.65
CNN		92.34	83.15	79.57	84.26	75.25	72.30
AC-GAN		95.73	94.51	91.25	92.53	92.47	91.34
改进 rAC-GAN		97.45	97.10	96.85	97.67	97.59	95.19

如表 9-11 所示，相比于 SVM、CNN 等传统算法，新方法在有限数据驱动场景均具有最高的分类准确率。SVM、CNN 和 AC-GAN 在主轴承训练样本减少 60% 时，分类准确率分别为 69.84%、76.57% 和 90.25%，而改进 rAC-GAN 仍然达到 91.85%；当主轴承训练样本存在 3 类非平衡时，SVM、CNN 和 AC-GAN 的分类准确率分别为 55.57%、69.29% 和 90.34%，而改进 rAC-GAN 仍达到 92.19%。针对齿轮箱轴承故障，在训练样本减少 60% 时，改进 rAC-GAN 的分类精度仍达 96.85%；当训练样本中发生 3 类非平衡时分类精度仍达 95.19%。在含噪声标签的小样本场景及样本非平衡场景下，新方法针对风电机组各部件故障具有良好的分类效果，证明了新方法的有效性与先进性。

9.5.2　含不同比例噪声标签场景对比实验

通过多种指标进一步量化改进 rAC-GAN 与 AC-GAN 故障分类性能及抗噪声标签干扰能力。其中，FID 测量 Inception 网络在含噪声场景真实样本和生成样本在特征层面之间的距离，较低的 FID 意味着较高的生成质量及生成多样性；Intra FID 用来计算每种故障类别的 FID，进而评估条件生成的分布质量；GAN-train 是测试实验中对经生成样本训练分类器对真实样本进行评估的准确率，其值近似于召回率；GAN-test 是测试实验中对经真实样本训练分类器对生成样本进行评估的准确率，其值近似于分类准确率[10]。

选择训练样本数量随机减少 60% 的数据集，设置不同比例噪声标签的训练样本数据。表 9-12 显示在有限数据驱动情况下，跨类噪声标签比例逐渐增大情况时，AC-GAN 和改进的 rAC-GAN 故障识别效果的相关量化指标。

由表 9-12 可知，改进的 rAC-GAN 在主轴承及实际运行工况下风电机组齿轮箱轴承的故障诊断中具有明显优势。当噪声标签比例增加时，改进 rAC-GAN 在抗噪声标签干扰和多分类精度方面的优势更加明显。

表 9-12　含不同比例跨类别噪声标签场景故障识别效果的量化指标

故障部位	模型	量化指标	跨类噪声标签比例				
			0.0%	2.5%	5%	10%	20%
主轴承	AC-GAN	GAN-train↑	91.4	86.2	75.3	72.3	70.5
		GAN-test↑	99.5	95.9	91.8	88.0	74.6
		Intra FID↓	39.6	41.2	43.7	48.5	54.6
		FID↓	19.7	19.3	17.7	17.3	18.5
	改进 rAC-GAN	GAN-train↑	94.0	86.5	85.8	81.9	79.8
		GAN-test↑	99.7	98.9	96.0	93.2	79.5
		Intra FID↓	33.4	34.6	36.9	39.2	42.7
		FID↓	14.3	16.6	17.5	20.0	19.8

续表

故障部位	模型	量化指标	跨类噪声标签比例				
			0.0%	2.5%	5%	10%	20%
齿轮箱轴承	AC-GAN	GAN-train↑	86.7	82.8	77.0	74.6	68.5
		GAN-test↑	98.0	94.8	89.9	87.0	73.0
		Intra FID↓	34.2	36.1	36.9	40.1	46.8
		FID↓	14.4	14.5	15.3	15.4	15.8
	改进 rAC-GAN	GAN-train↑	93.7	88.9	82.9	80.4	74.5
		GAN-test↑	99.7	98.4	94.6	91.1	75.6
		Intra FID↓	29.5	32	33.2	34.5	40.1
		FID↓	13.5	14.3	15.0	17.4	18.0

注：向上箭头↑表示此指标数值越大越好；向下箭头↓表示此指标数值越小越好。

9.6 本 章 小 结

针对传动系统关键部件(主轴承、齿轮箱轴承)振动信号进行分析，本章分别设计小样本、非平衡、含噪声标签等有限数据驱动场景，研究基于含噪声标签有限数据驱动的传动系统轴承故障诊断方法。

首先，针对风电机组故障信号数据有限问题，通过改进 rAC-GAN 生成器与判别器的博弈平衡，使生成器生成了海量符合真实样本概率分布特性的数据，实现了训练样本扩充，满足了生成对抗网络对海量训练数据的要求，提高了有限数据驱动场景故障识别准确率；然后，在改进 rAC-GAN 判别器中引入最小批量判断，实现了生成数据与真实数据的差异性批量比较和多种故障类型的准确分类，在保证生成数据质量前提下，提高了模型泛化能力；最后，通过含不同比例的有限故障数据设置和多种评估指标进行故障诊断方法对比实验，验证了新方法在传动系统轴承故障准确定位及故障程度判断的有效性。

参 考 文 献

[1] Huang N, Chen Q, Cai G, et al. Fault diagnosis of bearing in wind turbine gearbox under actual operating conditions driven by limited data with noise labels[J]. IEEE Transactions on Instrumentation and Measurement, 2020, 70: 1-10.

[2] Thekumparampil K K, Khetan A, Lin Z, et al. Robustness of conditional gans to noisy labels[J]. Advances in Neural Information Processing Systems, 2018, 31: 10271-10282.

[3] Odena A, Olah C, Shlens J. Conditional image synthesis with auxiliary classifier

gans[C]//International conference on machine learning. PMLR, 2017: 2642-2651.

[4] Smith W A, Randall R B. Rolling element bearing diagnostics using the Case Western Reserve University data: A benchmark study[J]. Mechanical Systems and Signal Processing, 2015, 64: 100-131.

[5] Sheng S. Wind turbine gearbox condition monitoring vibration analysis benchmarking datasets (data)[J]. NREL, Lakewood, Tech. Rep. NREL/DA-5000-61779, 2014.

[6] Liu Z, Zhang L. A review of failure modes, condition monitoring and fault diagnosis methods for large-scale wind turbine bearings[J]. Measurement, 2020, 149: 107002.

[7] Singh A, Parey A. Gearbox fault diagnosis under non-stationary conditions with independent angular re-sampling technique applied to vibration and sound emission signals[J]. Applied Acoustics, 2019, 144: 11-22.

[8] Mao W, Liu Y, Ding L, et al. Imbalanced fault diagnosis of rolling bearing based on generative adversarial network: A comparative study[J]. IEEE Access, 2019, 7: 9515-9530.

[9] Tran D, Mac H, Tong V, et al. A LSTM based framework for handling multiclass imbalance in DGA botnet detection[J]. Neurocomputing, 2018, 275: 2401-2413.

[10] Kaneko T, Ushiku Y, Harada T. Label-noise robust generative adversarial networks[C]// Proceedings of the IEEE/CVF Conference on Computer Vision and Pattern Recognition, 2019: 2467-2476.